U0919589

好设计 好房子 好生活

徐辉 著

中国建筑工业出版社

好设计　好

子　好生活

序

得益于改革开放后经济和城市建设的飞速发展，我们共同见证并亲历着居住环境和生活品质的嬗变。在这个过程中，建筑是时代的写照，也是社会经济、科技、文化的综合反映。住宅建筑作为人类生存必需的物质空间尤其如此。

诚如本书所言，当前我们的房地产产业已经进入了新的阶段，房地产既是国民经济的支柱产业，又是关系国计民生的社会问题。作为建筑师，在进行住宅设计时要以开放和自省的态度保持理性的、切合实际的创作能力，需要满足居民从“有”到“优”的需求转变，实现从“居者有其屋”到“居者优其屋”的跨越，满足人民对美好人居环境的追求。

设计作为住宅开发的前端环节，一定程度上影响着居民的生活方式、城市的风貌形象乃至房地产市场的发展生态。

居民想住什么样的房子？现有住宅存在哪些短板？在设计中应该如何权衡住宅的功能价值、商业价值和社会价值？诸如此类，都是做好住宅设计需要动态关注和全局思考的问题。这也给建筑师和建筑设计机构提出了更高的要求，需要建筑师对房地产市场和人居发展方向有深入的了解、系统的归纳、切实有效的实践经验。这并不是能够一蹴而就，或是仅通过努力就可以具备的能力。因此，更显得本书所述内容的难得。

我与徐辉相识多年，知他及其团队躬身力行住宅设计已有30余年，创作了大量历久弥新、不落窠臼的住宅作品。本书正是徐辉多年来对建筑设计视角下住宅产品系统性研究的成果。通过对房地产市场及住宅设计发展变迁的概述，以及翔实的案例分析，起底当前住宅产品打造的底层逻辑。是一本贴合当下住宅发展趋势和民生需求、基于企业可持续发展的“好房子”打造指引。

徐辉曾提到，他著书的发心可以总结为四个字——“改变现状”。希望通过本书分享他在住宅设计领域的经验所得，在充满不确定性的房地产周期中，为有品质追求但不明方向的企业提供参考途径，以期有更多市场化、定制化的，具有差异性、在地性和先进性的好房子出现，来引领和提升人们的生活方式、居住品质，为品质企业的存续和行业的良性发展贡献些许力量。

这是一个建筑师的责任与担当，是其职业生涯的价值凝练。建筑本该归源于它存在的价值和使命，住宅更是如此。望本书的出版能“改变现状”，激发更多思想碰撞，推动好设计、好房子的涌现，为房地产企业以及行业的发展提供启示。

何镜堂

2024.11.5

中国工程院院士

全国工程勘察设计大师

华南理工大学建筑学院名誉院长、教授

华南理工大学建筑设计研究院首席总建筑师

前言

1978年改革开放以来，我国住宅建设历经47年跨越式发展，取得了辉煌成就。人均居住面积从改革开放前的约4m^{2}[①]到如今的41.76m^{2}[②]，居住目标从“一人一张床”到如今的“努力让人民群众住上更好的房子”。人们对于住宅的要求从满足生存所需到提高生活品质，这些转变映射着社会的进步、经济的发展、国力的强盛。

我国住宅形制、人民居住水平的变迁伴随着城市化进程的迅猛发展、经济的变革、体制的转换、社会的转型，房地产行业也在此期间萌芽起步、高速发展。如今，房地产市场的增量式发展年代已成过去，取而代之的是房地产高质量发展时代的全面到来。

2020年到2022年期间，在新冠影响、新一轮房地产宏观调控政策出台（三道红线）、第二人口拐点到来昭示的人口结构变化、房地产市场从增量转为存量等多重因素共同作用下，新的市场周期已拉开序幕。作为国民经

① 数据来源：国家统计局。
② 数据来源：国家统计局。

济的支柱产业，房地产的问题不仅是经济问题，更是关系国计民生的政治问题。

对于房地产上下游企业来说，行业发展红利消失、房地产市场发生着结构性变化，新市场格局的打开势必让相关企业面临重新洗牌的考验，消化存量、优化增量的政策导向推动着市场产品从量到质的转变。

对于居民来说，住宅商品化发展使我国住房供给能力大幅提升，伴随着住房和城乡建设事业取得的历史性成就，城市发展质量显著提升，目前已实现“户均一套房”“人均一间房”的居住水平，居民住房条件明显改善，彻底告别住房短缺时代。然而，在城镇居住环境整体向好的趋势下，同时也存在一系列问题。如存量住宅量大质低的现状；高资源消耗、高环境负荷下的低质量供给；住宅质量、功能配套、居住环境、物业服务等住区品质有待提升；地域文脉缺失、建筑审美不足、“千城一面”的城镇界面等。

随着人口红利时期结束及城镇化发展的断崖式下降，城镇住房需求的实质性支撑持续回落。这意味着自1998年以来，持续20多年的房地产刚需市场和新开工住宅面积持续增加的时期已经结束。商品房投资属性的外衣逐渐剥离，买方市场取代卖方市场，向房地产开发企业以及房地产上下游企业提出更高要求。

早在2021年，中央经济工作会议便提出房地产业要“探索新的发展模式”，并在接下来两年中多次提及；2023年，住房和城乡建设部党组书记、部长倪虹提出“将牢牢抓住让人民群众安居这个基点，以努力让人民群众住上更好的房子为目标，从好房子到好小区，从好小区到好社区，从好社区到好城区，进而把城市规划好、建设好、治理好”，并指出，构建

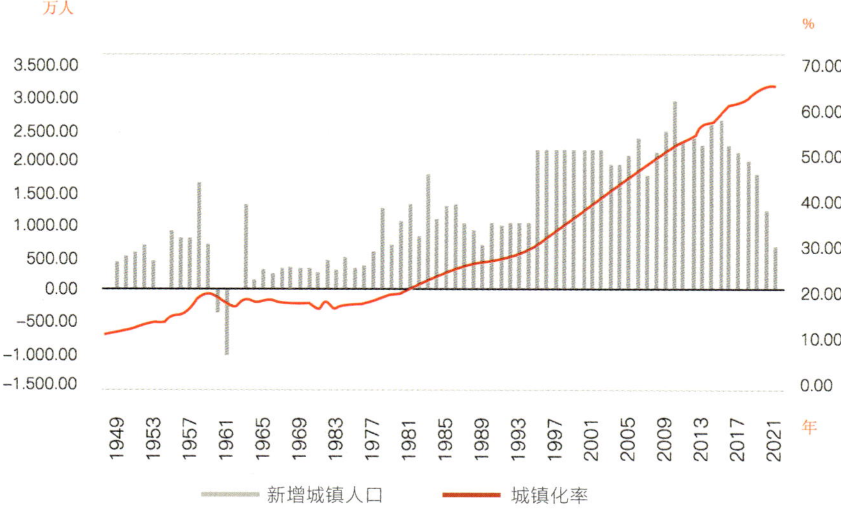

1949—2022年我国城镇化率和新增城镇人口[①]

房地产发展新模式，这是破解房地产发展难题、促进房地产市场平稳健康的治本之策，“在新模式下，我希望现在的房地产企业能看到，今后要拼的是高质量，拼的是新科技，拼的是好服务。谁能抓住机遇、转型发展，谁能为群众建设好房子、提供好服务，谁就能有市场，谁就能有发展，谁就能有未来”。建设“好房子”、构建房地产发展新模式成为近年来国家住房建设最重点、最热门的话题之一。

2025年3月，《政府工作报告》更是对房地产工作着墨颇多，首次写入“好房子”和“稳住楼市股市”，同时还提到“更大力度促进楼市股市健康发展”以及“持续用力推动房地产市场止跌回稳”，并明确“好房子”概念——安全、舒适、绿色、智慧。可以看出，“好房子”建设步伐即将提速，推动“好房子”建设也已成为构建房地产发展新模式的核心路径。

---

① 数据来源：国家统计局，wind数据库.

无论是居民的需求转变、买方市场的从容地位，还是国家政策导向，住宅建设从“住有所居”向“住有宜居”过渡是时代发展的必然，或许也将是另一个“黄金时代”的开端——高品质住宅百花齐放的房地产高质量发展时代。

设计是工程建设的龙头。过去几十年，建筑设计企业作为商品房开发建设过程的重要一环，与房地产企业并肩亲历了宏观环境与行业命运的斗转星移。如今，从宏观来讲，房地产企业与设计企业肩负着提升住房品质的重任，筑造生活空间、引导甚至引领生活方式，是居民“好生活”的关键；从微观来看，在新时期行业大洗牌浪潮之下，住宅产品的好坏直接关系到企业的生存和发展，是房企穿越市场周期，实现长远发展、塑造品牌形象的关键。

本书立足作者35年来的住宅建筑设计思考，及其创办的企业开展住宅建筑设计业务30余年的实践经验，结合多个成功的高品质住宅项目设计感悟，对不同时期住宅建筑及住宅设计的特点进行分析和梳理。以建筑设计企业视角，从房地产发展阶段、市场背景、政策法规、品牌战略、营销逻辑等多个角度，分享高品质住宅设计及精准落地的实现路径，与行业同仁交流和探讨高品质住宅设计的原则与标准。以好设计引领、好房子营造、好生活实现的逻辑，发挥设计引领在“好房子”建设中的关键作用，为人民美好生活创造更多可能。

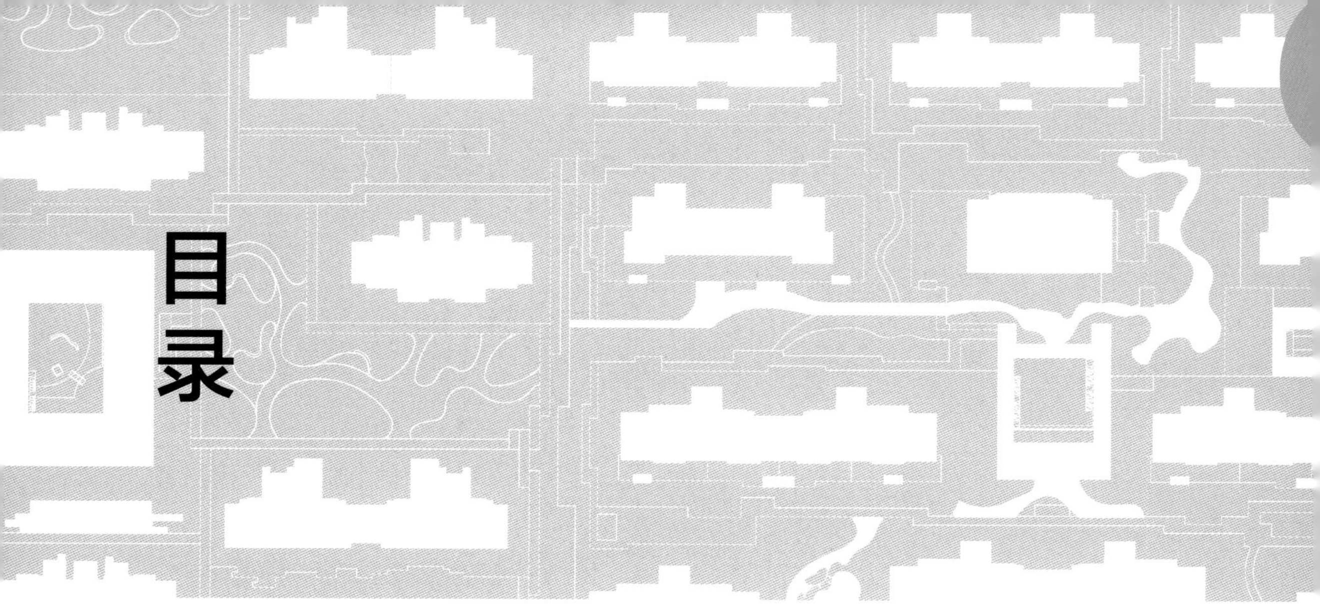

目录

ATALOGUE

好设计 好房子 好生活

第一章

政策驱动、市场牵引下的住宅建筑设计

我国住宅建设的发展历程，是中央与地方在渐进式探索中协同推进的实践过程，住宅建筑设计也是如此：以政策激活引导，以市场积累经验，以规范总结经验。

改革开放以前，计划经济体制下诞生了公有住房体制，新中国第一批住宅的设计和建造借鉴的是苏联的标准设计方法和居住小区的规划理念。1950年翻译自苏联的《住宅建筑及公共建筑设计标准》是我国住宅建筑设计最早的参考标准。1955年，原国家建筑工程部技术司主编的《建筑设计规范》正式发行，这也是居住建筑设计依照执行的首部标准规范[①]。在这一时期，工业生产是国家建设的重点，住宅的建设仅为解决劳动人民生存需求的最低保障，简易楼、筒子楼是那一时期住宅的代名词，通常多户共用厨房、卫生间和走廊空间，住宅建筑的质量和居住体验尚未被关注。住宅建筑设计技术虽取得了一定进展，但整体发展缓慢。

我国房地产市场的诞生及发展与城市建设紧密相关，与人民生活品质紧密相连。住宅建筑设计的快速发展则伴生于房地产市场。随着改革开放的到来，住宅建筑设计研究进程也开始加速，下文从住宅建筑设计角度，将我国房地产发展历程划分为四个时期。

一、萌芽起步期 1978—1998年

1978年，随着新中国成立后中国人口的大幅增长，人均居住面积下降至3.6m^2[②]，住房问题成为国民经济的突出薄弱环节。同年9月，国家基本建

① 张惠锋，周京京，宋子琪，等．我国住宅建设领域标准发展历程与展望［J］．标准科学，2024（4）：31.

② 国务院批转国家建委．关于加快城市住宅建设的报告．国发［1978］222号［S］．1978-10-19.

设委员会在北京召开了新中国成立以来的第一次住宅建设工作会议——城市住宅建设工作会议。会议期间邓小平提出，解决住房问题能不能路子宽些，譬如允许私人建房或者私建公助、分期付款，把个人手里的钱动员出来，国家解决材料，这方面潜力不小。自此，城市住房建设和住房制度改革工作正式摆在了政府和主政者的案头，紧锣密鼓地破局推进。这次会议可以看作是住房制度改革的初探和发端，也被行业认为是中国房地产市场的萌芽之年。

党的十一届三中全会后，政府推出若干有关推进住房商品化的指导性意见，邓小平提出“城镇居民个人可以购买房屋，也可以自己盖，不但新房可以出售，老房子也可以出售，可以一次付款，也可以分期付款，10年、15年付清”的住房改革设想，国务院提出住宅建设“必须充分发挥国家、地方、企业、职工个人四个方面的积极性”，“把组织企业自筹资金建设住宅作为一项重要任务来抓”，中国开始实行住房改革和土地改革，房子开始逐步被定义为商品，土地也被允许有偿使用，住房制度开始从福利住房体系逐步转化为社会化住房保障体系。

自1980年住房制度改革大幕拉开，历经1982年试点的“三三制”补贴出售新建住房方案、1985年试点的租金制度改革、1986年试点的“提租补贴、租售结合、以租促售、配套改革”方案，城镇居民“等国家建房，靠组织分房，要单位给房”的认知被逐步打破。在此期间，国家相关部门于1984年批准颁布了《国民经济行业分类标准代码》，首次正式将房地产列为独立的行业，中国房地产正式以“官方身份”走上历史舞台。

中国大陆开发最早的商品房项目：深圳罗湖东湖丽苑小区实景

随着经济的发展，人民生活物资的丰盛，居民对居住空间的不同需求也逐渐衍生。如随着大城市电视普及率的提高，全家一起看电视这一休闲活动催生出对起居厅的需求，起居、就餐空间与卧室区分开的住宅形式应运而生。从1981年我国首个商品房开发试点在深圳落地，到1985年底，全国已有1604个城市和300个县镇在进行住房改革的试点。大量住宅小区试点带动了住宅设计领域的创新和发展，住宅设计、建造水平显著提高，住宅形式渐趋多样化。

1986年9月，原国家计划委员会批准发布《住宅建筑设计规范》GBJ 96—86，成为我国第一部专门针对住宅的国家标准。该规范将住宅从一般的民用建筑中独立出来，改变了住宅是一般建筑中要求最低的传统观念和设计标准。这一时期，单位自建房逐渐取代了国家统一建设住宅，受土地面积和建设资金的制约，建筑形式以高层为主。板式、塔式、中高层住宅在此期间得到较大发展，“跃廊式”“十字型”“井字型”“蹲蛙型”等平面形式不断丰富。

20世纪80年代末、90年代初期，住宅商品化放松了住房标准的限制，加速了住宅形式多样化设计的出现，也让住宅设计的重心聚焦于住宅的功能空间，不断修正着以筒子楼为代表的早年住宅的居住问题。随着住房建设水平的提高，居民对于住宅建筑质量和居住体验有了初步认知，开始有意识地追求更好的居住体验，根据居民身份的不同，住宅的标准也呈现出较大差异。

如1993年徐辉执笔设计的郑州代表性住宅英协花园项目，产品形式多样，除了板、塔式高层及叠拼别墅产品外，还领先性地打造了郑州商品房

郑州英协花园项目别墅实景

市场中的首个独栋别墅产品。这样的产品类型和规划设计在当时的全国来讲也是十分领先的。从户型设计可以看出当时以起居厅为中心的“起居型”住宅趋势，即“大厅小卧”，实现“居寝分离”，引领大客厅、大厨房、大卫生间、小卧室、多储藏空间的优秀住宅布局潮流。

1994年7月，国务院发布了《关于深化城镇住房制度改革的决定》（国发〔1994〕43号），提出了取消住房建设投资由国家、单位统包的体制，改为由国家、单位、个人三者负担。至此，新中国成立以来的住房实物福利分配的方式进入尾声。1998年，国务院发布《关于进一步深化城镇住房制度改革加快住房建设的通知》（国发〔1998〕23号），要求自当年下半年起停止住房实物分配，逐步实行住房分配货币化，明确提出“促使住宅业成为新的经济增长点”。我国长达半个世纪的福利分房制度正式落幕，住房的供给方由过去的“政府”“单位”变为房地产商，进一步激发了房地产市场的活力，开启了中国房地产市场的“黄金十年”。

二、高速发展期 1998—2016年

1998年，我国历年城镇化率出现了第一个拐点（30.4%），我国城镇化进入快速发展阶段，大量人口涌入城市，居住需求不断增加，房地产市场呈现出供不应求的局面。同时，住房分配制度的改革和中央金融政策的跟进，使我国房地产市场迎来了前所未有的发展机遇，开启“狂飙式”发展。

从我国房地产发展历程角度来说，1998—2016年期间，应以房地产加速金融化为分水岭，划分为1998—2008年、2008—2016年两个阶段。在这近20年的时间中，房地产市场可以说是在国家宏观调控中波澜起伏并迅猛发展。

2000年以后，随着土地市场和商品住房市场的建立及供需关系的失衡，全国房价持续上涨。2003年，国务院下发了《关于促进房地产市场持续健康发展的通知》(国发〔2003〕18号)，明确了房地产业作为国民经济的支柱产业的重要地位。同时，由于房价上涨过快，央行首次推出上涨利率、上调首付等政策抑制房价过快增长。随后，2005年的“国八条”、2006年的“国六条”、2007年“9·27房贷新政”等调控政策不断加码，叠加2008年国际金融危机的影响，过热的房地产市场终于开始降温。

为了稳定市场，中央施行了一系列救市措施，如下调贷款利率、取消银行信贷规模限制等，这一次大规模的刺激让房价触底反弹，2009年底全国商品住宅均价同比上涨24.69%，远远超过居民收入增长速度。2011年5月，“限购”政策首次出现在历史舞台。随后数年间，中央调控政策或遏制或刺激，都并未让房地产市场出现实质性逆转，“购房热”愈演愈烈。2016年，随着宽松的金融环境和棚改货币化的加持，商品房成交量和成交价纪录均被刷新。

从住宅建筑设计角度来说，房地产的飞速扩张使住宅建筑形式更加多元，建筑技术和设计水平也随之不断提升，得到长足发展。

1999年3月，建设部发布强制性国家标准《住宅设计规范》GB 50096—1999替代《住宅建筑设计规范》GBJ 96—86。该规范强调“以人为核心”，在大量居住实态调查基础上，提出了住宅设计技术规定，并根据适用、安全、环保、经济、节能等要求，增加大量相关专业的新内容，突出了住宅设计的多专业综合协调特征，形成了较完整系统的技术文件，在我国住房商品化的过程中发挥了重要作用。[①]

---

① 张惠锋，周京京，宋子琪，等. 我国住宅建设领域标准发展历程与展望［J］. 标准科学，2024(4)：41.

郑州未来花园项目实景

早期的住宅建筑设计及规划，随着市场竞争的日益激烈显现出蓬勃生机，高层住宅、小高层住宅（8~10层）、多层住宅、低层高密度住宅、联排住宅、别墅等各种形式的住宅空前丰富，充斥着当时的商品房市场，创新创意设计层出不穷。针对特定群体、如何体现个性成为房地产开发与营销的重点。

如1999年徐辉设计股份有限公司设计的未来花园项目，以郑州首个“空中别墅”产品著称，即在塔式高层中创新性地置入具有别墅形态的跃式住宅。以拉长交通核心筒的手法，解决楼内南北四户南向采光、户内通风及楼间穿堂风的需求，突破塔楼结构限制下住宅通风不良的缺点。在规划上开始重视内向景观资源的均好性，选用半围合式布局，隔离外部城市干扰的同时，形成了12000m^{2}的内向中心庭院作为公共活动空间及绿地。

郑州未来花园“空中别墅”平面图

在户型设计方面，以能够为消费者带来生活品质提升的居住需求研究为基础，进行多方面创新，比如在居住环境上实现户均南向采光最大化、南北通透，领先性地进行动静分区、干湿分离、餐厅、入户玄关、明卫、储藏间设计，这些创新性的设计亮点在如今依旧是高品质住宅设计必须关注和研究的价值点。

未来花园项目主力户型180m^{2}左右，无小户型，聚焦于对于居住品质有较高需求的消费客群，2000年开盘后销售均价为3500元/m^2，对比当时郑州市1200元/m^{2}的住宅均价，大约为当时均价的三倍。从市场表现来看，即便脱离房地产市场高速发展期的光环，该项目依旧具有很强的市场竞争力，住宅产品力对于消费者消费行为的影响可见一斑。

郑州未来花园项目标准层平面图

自该项目后，郑州购房市场便流传着“买房看户型，户型看华博”的选房“要诀”（徐辉设计股份有限公司曾用名为河南华博建筑设计有限公司）。未来花园现象的本质也正是当下国家“好房子”政策导向的本源：聚焦住宅本质和居住品质，“好房子”无论在什么市场、什么年代，都是房地产企业乃至房地产行业实现长期可持续发展的关键。

2004年起，随着过热的房地产市场与房地产投机行为的互相推波助澜，大户型成为市场的主流产品。从居住空间品质提升方面来说，空间设计更加细化。例如，这一时期的住宅设计普遍性地开始关注动静分区，餐、居、寝、学功能分离，独立的玄关、客用卫生间、储藏间等实用的辅助空间受到重视。

2013年底，中共中央、国务院印发《关于调整完善生育政策的意见》宣

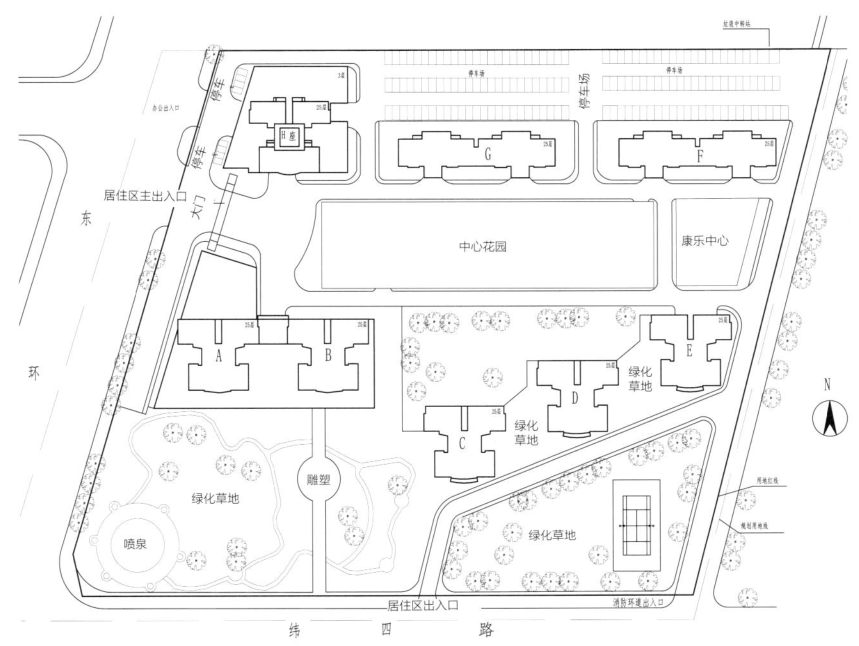

郑州未来花园项目总平面图

布开放“单独二孩”政策实施；2015年10月，中共全会公报允许普遍二孩政策。二孩政策的实施带来居民家庭结构的逐渐变化，随之而来的是购房者对商品房户型需求的转变。住宅的全生命周期设计需求浮现——多孩家庭的住房需要既能满足夫妻两人的生活需求，也能容纳夫妻、两个孩子、老人甚至保姆的居住需求。改善型住房需求不断增多，相应地，购房需求开始呈现以三房为主导、二房减少、四房增多的趋势。

从住宅建筑风格来看，开发商为了博取市场关注、创造销售卖点开始注重外观设计。从差异化市场需求出发，同时为了迎合大众审美，仿欧式建筑的所谓“欧陆风格”风靡一时。大量直接提取异域风情及中式建筑风格的某些元素及符号、强行拼合而成的建筑立面设计成为市场潮流，随着新建项目的不断落地，此类住宅在大众视野中大量出现。

以批判主义的眼光来看，这是高周转的房地产市场导向下，住宅作为商品以获得利润最大化为唯一目标，其盈利需求被引申到设计本身，快速获取市场认可的需求干预并削弱了设计的艺术价值。这对于尚未形成建筑审美的普罗大众而言，带来的是审美的干扰，甚至降级。

同时，建筑设计的产出以一种固定的模式快速复制粘贴，随着高速推进的城镇化进程以钢筋水泥的形式出现在全国各地。住宅产品内核千篇一律，竞品之间没有明显的优势与区别成了司空见惯，日新月异的城市更新速度没有给城市留下形成具有地域特色城市风貌的时间，人们的生活方式演变也来不及和城市环境契合，产生了如今“千城一面”的城市同质化现象。

三、品质回归期 2016—2021年

2016年年底，中央经济工作会议提出要促进房地产市场平稳健康发展，首次提出要坚持“房子是用来住的、不是用来炒的”的定位。从2017年末党的十九大定调“房住不炒”至2019年末，我国房地产宏观政策经历了踩刹车“控制宏观杠杆率”“坚决遏制房价上涨”，到降速稳定“房住不炒”“因城施策”的过程，实现了降风险、稳房价、稳预期的政策效果，房地产市场总体表现较为平稳，“房住不炒”成效显现。

2020年，针对房地产企业的“三道红线”政策出台，并于2021年正式实行。房企融资渠道基本被锁死，地产行业逐步与金融端脱钩。到2021年底，随着疫情反复，给消费需求带来了抑制，以及房地产去金融、去杠杆政策的贯彻，房地产市场快速转冷，全国销售数据呈现断崖式下滑。

过去房地产市场的投机现象夸大了住房的投资属性，忽略了商品（居住）

属性。随着房地产市场遇冷，消费者回归理性，在人口结构的变化、城镇化发展新格局的引领、房地产市场改善型需求的不断释放等多重因素叠加之下，生存的压力迫使房企转变发展模式，从过往的“金融思维”转变为“产品思维”，从“营销思维”转变为“生活思维”，从激进扩张转变为健康稳健，将注意力重新聚焦于产品力、服务力、品牌力。

购房者的理性回归让需求端重新成为住宅发展的主导，粗犷的开发模式逐渐被精细化产品所替代。绿色健康住宅、智慧社区、全龄化社区等关注居住体验和生活品质的功能性住宅产品层出不穷。多元、创新、品质，以及疫情给人们带来的对于住房需求的全新思考，成为近年来住宅“进化”的方向。

例如，房地产市场急速扩张带来的住宅建筑过于密集、住宅通风采光不佳、居住质量不高、公共活动空间缺乏、社区配套不足、物业服务缺位、文化割裂严重等问题在疫情期间开始暴露。

疫情过后，住宅建筑规划和户型设计在关注居住基本功能之外，也将办公、社交、娱乐、康养等复合功能纳入住宅的核心效用。

在规划设计方面，关注社区内部多元立体的休闲场所，健身房、咖啡厅、游泳池、洗衣房等专属功能空间，以及其他健康配套设施；在户型设计方面，入户空间多设计带消杀和收纳功能的独立玄关，预留污染、半洁净、洁净区域的过渡空间。注重采光、通风和观景面，设计从竖厅向横厅转变。起居空间能够同时容纳不同家庭成员的休闲场景需求，兼顾家庭成员各自喜好的同时，也能增加共处时间。LDK一体化（即将客厅Living room、餐厅Dining room、厨房Kitchen三空间打通，形成开放式一体化空间）乃至四代住宅的LDKBG一体化设计（即将客厅Living room、餐厅 Dining room、厨房Kitchen、阳台Balcony、花园Garden进行整合，形成开放式一体化空间）成为潮流等。简而言之，居民开始追求更加舒适、健康的居住环境。

四、品质提升期 2021年至今

2021年，我国65岁及以上人口占总人口比例首次突破14%，即步入世界银行定义的“深度老龄化”社会，同时城市居民刚需市场已趋于饱和。购房需求的低迷，既与人口等长期因素和疫情等中短期因素有关，也与房企爆雷、项目交付问题频发之下，房地产的信任危机有关。

随着房地产市场进入深度调整阶段，房企传统的“高负债、高杠杆、高周转”模式难以持续，我国房企转型升级探索新发展模式势在必行。2021年中央经济工作会议首次明确提出房地产业要“探索新的发展模式”。房企必须敏锐洞察客户需求，重视产品品质和服务体验，以满足不断变化的市场需求，赢得消费者的青睐和信任，以期在竞争激烈的市场中脱颖而出，实现企业的稳步发展。

2023年7月，中共中央政治局会议明确指出，要适应我国房地产市场供求关系发生重大变化的新局势，适时调整优化房地产政策。同年11月，中央经济工作会议提出要“加快构建房地产发展新模式”，并在12月召开的全国住房和城乡建设工作会议上重申，构建房地产发展新模式被提到前所未有的高度。

住房和城乡建设部部长倪虹在全国住房和城乡建设工作会议上表示，在住房和房地产板块，应坚持“房住不炒”的定位，适应房地产市场供求关系发生重大变化新形势，下力气建设好房子，在住房领域创造一个新赛道。在基础支撑板块，适应从解决“有没有”转向解决“好不好”的要求，要完善工程建设标准，围绕建造好房子，发布住宅项目规范，从建筑层高、电梯、隔声、绿色、智能、无障碍等方面入手，提高住宅建设标准。

整体来看，2023年底的会议为2024年起的房地产市场发展定下基调，也明确了未来房地产政策的发力方向。2025年，《政府工作报告》中首次写入“稳住楼市股市”“持续用力推动房地产市场止跌回稳”“适应人民群众高品质居住需要，完善标准规范，推动建设安全、舒适、绿色、智慧的‘好房子’”。可以预见，2025年国家政策层面或将更加注重各项举措的实质性落地，在近5年中央政策引导与地方试点突破的“组合拳”下，“好房子”建设的各项标准与推进路径愈发明确。

在推进房地产业发展新模式建立和“让人民群众住上更好房子”目标的引领下，房地产开发更加强调住宅建设高标准——不只是高端改善或豪宅项目，而是给市场供给不同面积、不同价位的高品质住宅。品质好房供给量的增加意味着更多改善性住房需求将会入市，改善性住房需求仍有较大释放空间，房地产高质量发展时代全面到来。

在这种背景下，房地产企业更加重视住宅设计及规划的“含金量”，专业的纵深发展成为一种趋势，行业生态从“单打独斗”向“合作共赢”转型升级。优秀的房地产企业联合设计方，以回归居住本质为导向，紧跟客户需求，凝聚产品力，打造差异化体验社区，增强产品核心竞争力，强化企业在新阶段的竞争韧性。

好设计 好房子 好生活

第二章

立足生活，科技赋能，聚焦品质

随着高品质的住宅与建设需求越来越受到市场重视，为适应市场及购房者需求的变化，房地产业必须持续探索能够满足人民生活方式与精神需求的生活空间营造，积极推动住宅产品的迭代升级。

2023年3月，住房和城乡建设部部长倪虹表示，在新模式下，房地产企业今后要拼的是高质量，拼的是新科技，拼的是好服务。谁能抓住机遇、转型发展，谁能为群众建设好房子、提供好服务，谁就能有市场，谁就能有发展，谁就能有未来。这更加坚定了房企高质量发展的路线。

2024年6月7日，国务院总理李强主持召开国务院常务会议，听取关于当前房地产市场形势和下一步构建房地产发展新模式有关工作考虑的汇报。会议指出了“两个关系”：房地产业的发展关系人民群众切身利益，关系经济运行和金融稳定大局。这是对房地产工作人民性、政治性的重申，强调了房地产业在人民生活及国家经济的重要地位。

示意图

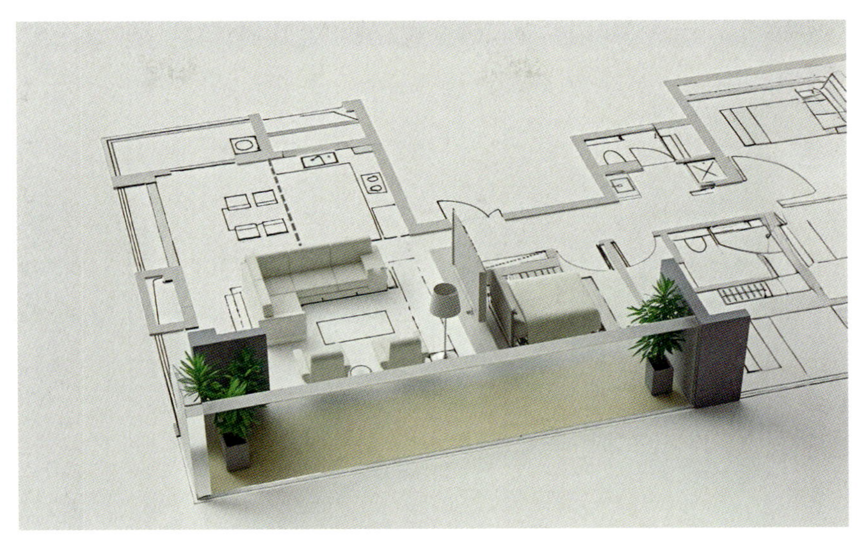

示意图

根据中国人民银行调查统计司公布的数据显示，2019年中国城镇居民家庭住房拥有率达到了96%，在家庭总资产中住房占比约60%。住宅不仅是居民的生活所需，也是国民重要的家庭资产。过去几年，全国平均房价的大幅下跌造成居民资产的缩水，国民消费预期改变，消费和投资出现向下紧缩的循环，从而对经济发展造成阻碍。

会议还指出，要充分认识房地产市场供求关系的新变化，顺应人民群众对优质住房的新期待，着力推动已出台政策措施落地见效。预示着未来房地产的主要任务之一就是“好房子”建设。未来，改善性住房的市场份额会进一步加大。

尽管我国住宅设计经过多年的发展已取得了长足的进步，但在追求住宅品质和设计的精细化方面还有很大的提升空间。住宅建设随着新时代下家庭结构的多元化、科技发展的日新月异、居民生活品质的逐步提升，仍旧面临着众多机遇和挑战。

“好房子”建设以“好设计”为先决条件，以实现“好生活”为最终目的，其本质是高品质住宅建设。“好房子”设计范围应涵盖刚需、刚改、高端改善等不同面积、价位的住宅，它的建设落地离不开好政策、好设计、新技术、好建造、好配套的协同发力和同频共振。

建筑设计企业作为“好设计”的责任方，应通过设计的市场化、差异性、在地性、先进性传递更好的居住理念，引导甚至引领人民更好、更美的生活方式。同时，以设计引领，联动房地产上下游各企业凝心聚力，赋能商品房产品力的大幅提升，从而牵引销售，为房企提供实现长远发展的原动力，进而以房企个体的长期可持续发展，推动行业发展新模式的构建。这既能够推动“好房子”建设，也是实现行业良性循环、高质量发展的路径之一。

一、“好房子”建设国家及地方标准陆续出炉

要发挥设计在“好房子”建设中的引领作用，结合“好房子”标准及高品质住宅建设实践经验、探索出一套操作方法和参考标准是关键。

关于“好房子”的定义，住房和城乡建设部部长倪虹在2023年6月中国城市高质量发展论坛上首次系统阐释了“好房子”理念。此后，住房和城乡建设部联合多部门修订《住宅项目规范》，对房屋质量、层高、隔声、采光等指标提出了更高要求，各地主管部门同步加快推进相关标准编制工作，高品质住宅建设的地方标准相继出台。

2025年，《政府工作报告》对“好房子”标准体系作了权威定调，即安全、舒适、绿色、智慧。同年3月31日，国家标准《住宅项目规范》GB 55038—2025（下文简称《规范》）发布，以安全、舒适、绿色、智慧

为目标，在规模、布局、功能、性能和关键技术措施等方面，对住宅项目的建设、使用和维护作出规定。《规范》规定了新建住宅建筑层高不低于3m；4层及以上住宅设置电梯；提高了墙体和楼板隔声性能；提高了户门、卫生间门的通行净宽；提高了阳台等临空处栏杆高度；要求公共移动通信信号覆盖到公共空间和电梯轿厢内；要求空调室外机安装在专用平台；规定了不同气候区供暖、空调设施设置要求等。

在此期间，徐辉设计基于丰富的高品质住宅项目实践经验，系统开展设计方法论的总结与创新，持续深化未来住宅发展研究。在河南省住房和城乡建设厅的组织下，主编了《河南省住宅品质提升设计与建造技术导则》（下文简称《导则》），并于2025年2月印发。《导则》结合河南省实际，遵循以人为本、适度超前、务实可行的原则，从规划、设计、建造阶段进行过程管控，针对住宅的“安全、舒适、绿色、智慧”等方面提出定性和定量

《河南省住宅品质提升设计与建造技术导则》主要内容

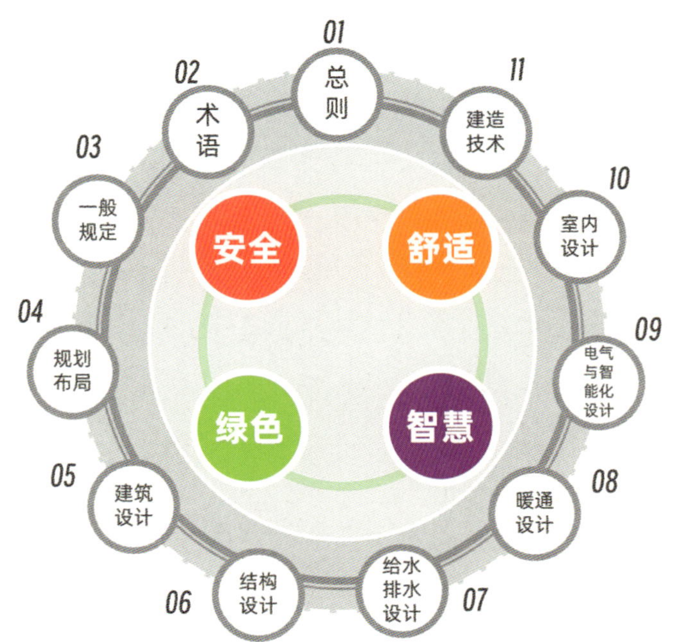

要求，指导河南省“好房子”建设。《导则》与《规范》目标一致，在一些指标设定上通过更高技术参数践行品质提升导向。例如：

在总平面布局方面，强调除城市规划特殊区域外，建筑高度原则上宜小于60m且不应大于80m，容积率不宜大于2.2；

在建筑设计方面，强调住宅层高不宜小于3.1m，设有地暖、管道式新风或集中式中央空调系统的住宅，层高不宜小于3.15m；地下机动车库车位配建比例不低于1：1.2，垂直停车车位尺寸不小于2.5m×5.3m；100%预留电动汽车充电基础设施安装条件；地下车库主车道净高不宜小于2.4m；

在给水排水设计方面，规定户内应设置直饮水系统，与卧室相邻的卫生间，排水立管不应贴邻与卧室共用的墙体；

在暖通设计方面，强调为防止住宅油烟道串烟串味，降低油烟颗粒等污染物排放，应在厨房连接主排风管或排风竖井的排风支管处设置止回阀，宜在油烟道顶部设置集中排油烟动力装置及油烟净化处理设备；

在电气与智能化设计方面，规定住区应建设新型智慧设施，搭建区域互联网、物联网体系；构建智慧养老服务平台；打造智慧老年食堂；发展智慧物业。住宅应配置智能家居系统，应配置智能中控屏，包含无线Wi-Fi、智能门锁、访客对讲、入侵报警、智能照明、智能窗帘、一键求助、室内环境监测、视频监控、家电监控、多媒体娱乐、智能医护系统等功能；

在室内设计方面，要求保证住宅隔声降噪性能，临交通干道的卧室、起居厅的外窗不应小于35dB；户墙及分户楼板两侧房间之间的隔声量不应小于50dB；分户楼板计权标准化撞击不应大于60dB；分户墙两侧同一位置的设备位置应错开。控制室内主要空气污染物的浓度，氨、甲醛、苯、总挥发性有机物、氡、$PM_{2.5}$等污染物浓度比现行国家标准限值降低10%。老年人使用的卫生间应设置紧急呼救设施或安全报警装置；卫生间地面的防滑等级不宜低于Ad级和Aw级；

在建造技术方面，强调建筑外立面不宜采用薄抹灰体系等。

如上文所述，《导则》的编制立足于地方性现状，从全国范围来看，徐辉设计将高品质住宅建设要点总结为八原则、六体系。

二、高品质住宅八原则

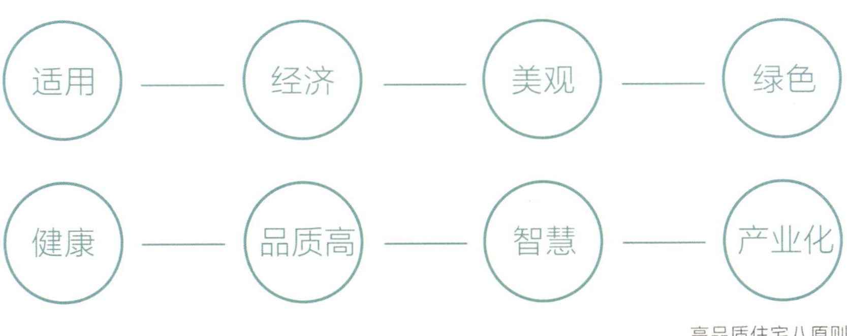

高品质住宅八原则

立足当前社会发展背景和住宅建设趋势，住宅建设导向从市场转为人民。好的住宅设计应以人为本，关注居住者的生活方式、行为模式、心理感受、幸福体验等切实需求，在兼顾市场性的同时具备在地性、先进性、时代性与可持续性。结合人居生活趋势研究和具体住宅项目设计实践，可归纳为八大原则：适用、经济、美观、绿色、健康、品质高、智慧、产业化。

1. 适用：使用合理、人性化设计

做有温度的设计，从住宅的住区规划、社区配套、户型设计、软装布置、家居智能化等多个方面体现生活空间的人性化关怀。

1.1 住区人车分流设计

在住区设置独立的人行系统与车行系统，并预留搬家、急救车辆、消防车辆等车辆流线，使步行和车行组织在两个既相互独立又相互联系的空间内。

机动车库出入口与公共设施或住宅建筑结合设置，且靠近城市道路，减少对住区人行交通的影响；住区不设置机械式停车泊位，确实受建设条件限制必须设置机械式停车泊位的，应该严格控制设置比例并不宜大于10%；预留临时车辆停车区。

1.2 无障碍设计

注重住区的无障碍设计，所有建筑、步行系统、院落绿地均应满足无障碍通行设计要求，住宅、组团院落、步行通道之间应提供连贯的无障碍通行路线。合理设计残疾人停车位、无障碍卫生间、标识等。

1.3 社区服务设计

依托居民需求，集中布局、综合配建各类社区服务设施，为居民提供一站式服务。如设置社区用房、生活体验馆、健身房等功能空间，以及书吧、儿童托管、多功能室、养老中心等文化教育康养空间，地下车库内配置洗车间、洗衣房、快递驿站、生活垃圾房等设施。公共服务设施和社区用房集中设置，减少对住户的噪声干扰。

如郑州永威上和院采用架空层空间，郑州永威上和郡、商丘金沙东院等项目均采用地下空间结合下沉庭院的方式设置社区服务设施。

郑州永威上和院架空层社区泛会所

郑州永威上和郡无障碍设计

商丘金沙东院下沉庭院会所

商丘金沙天和设置非机动车坡道及专属电梯，经过人脸识别后会自动打开道闸，解放双手，不用再停车拔钥匙刷卡

商丘夏邑金沙壹号院社区会所

商丘金沙天和地下车库设置洗衣、洗车服务中心

1.4 户型设计

结合后疫情时代人居需求，设置独立玄关、干湿分离卫生间、人性化储物空间、阳台花园等。住宅厨房使用面积不小于5m^2，操作台总长度不小于2.4m，台前操作空间深度不小于1m。卫生间布局应综合考虑卫生间门的开启方式及方向，避免影响洁具安装及使用。门洞尺寸不小于0.85m×2.2m。并采用同层排水技术，优先采用不降板或小降板同层排水方式，以解决卫生间返臭、渗漏、维修难等突出问题。

以郑州金领九如意户型设计为例，注重户型入口空间的私密性及礼仪性设计，以独立玄关引入、礼仪性过厅转向客厅和餐厅。在顶层户型创新设计内向型的空中合院，满足中原地区居民“院子情节”的同时，营造更为多元多变的户内活动空间。

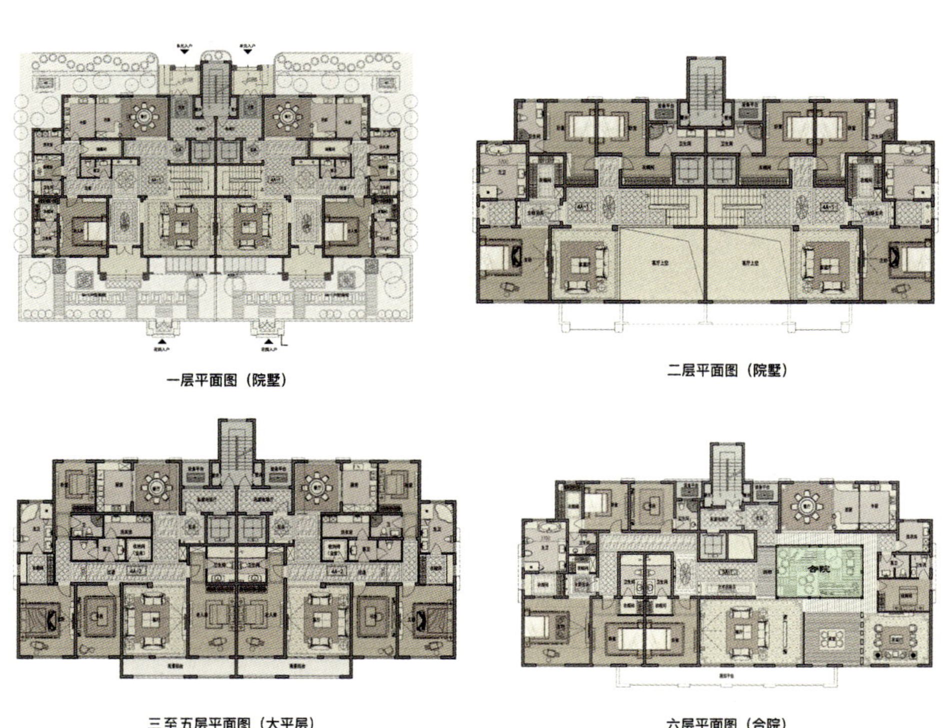

郑州金领九如意项目（2017）户型平面图

1.5 软装布置

精装修住宅软装布置根据客群不同采取全生命周期人性化关怀。如挖孔设计存放拐杖、弧形包边防止磕伤、辅助扶手、适老化面盆、厨房台面防滴水设计、厨房墙面防油烟措施。智能床垫、床边感应灯带、床头语音伴侣、智能马桶、紧急呼叫系统等。

2. 经济：节约资源、成本合理、高保值性

建筑项目涉及大量的资金投入，经济性的高低直接影响到项目能否顺利建成及开发商的盈利能力。建筑设计经济性应注意建造成本合理，维护成本合理，具有人民财产的高保值性。设计的资源节约、成本控制可以从以下几点入手。

2.1 充分调研和规划

在设计阶段，充分了解项目的定位、市场需求以及周边环境。通过详尽的调研和规划，避免供需不匹配导致的滞销及后期改动带来的额外投入，提高建筑设计的经济性。

2.2 优化空间利用

通过合理的空间规划和布局，最大化地利用建筑空间。合理的空间设计不仅可以提高建筑物的功能性，同时也能降低材料和施工成本。

2.3 优化施工工艺

开展EPC及全过程咨询。实现从勘察、设计、招标、采购、施工的全过程服务，将大型工序划分为小任务，并合理分配给相应的施工人员，使施工人员更专注地完成自己的任务。高度整合的服务有利于以更短的工期、

施工现场示意图

更小的风险、更省的投资和更高的品质完成工程建设。

利用先进的施工技术和设备，如机械化设备、智能化工具等减少施工时间。评估和优化工作流程、工序安排和施工工艺，寻找并消除瓶颈点，避免资源浪费，以提高工作效率和建设质量。

2.4 合理选择建筑材料

建筑材料的选择直接关系到建筑物的耐久性和使用寿命，因此需要合理选择高质量的建筑材料，选择时既要考虑质量，也要考虑成本。如：保温装饰一体板、A级塑化保温板、晶彩石、高耐久防水卷材（加筋型TPO、自粘TPO）、高强度混凝土、高性能门窗（断桥铝合金窗、铝木复合窗）等。

3. 美观：在地融合、建筑美学

住宅建筑应具有建筑美学的特征，地域性、时代性、艺术性，与上位规划

示意图

及城市设计的风貌相融相生，满足居住者的归属感和自豪感。规划时结合地区气候、环境特征，根据城市肌理进行布局设计和材料选择；住区的规模、功能、结构与布局，住宅建筑的高度、密度、色彩、材质与风格，结合周边及城市整体环境关系进行设计。

如对城市天际线的考量。从城市规划和城市设计层面考虑，利用自然地形的高低起伏，设计不同高度的建筑，使城市天际线呈现出自然流畅的曲线。同时，结合自然景观（如山水、公园等），将建筑融入其中，形成独特的城市景观。

4. 绿色：低碳环保、环境友好

绿色建筑通过科学的整体设计，集成绿色配置、自然通风、自然采光、低能耗围护结构、新能源利用、中水回用、绿色建材和智能控制等高新技术，具有选址规划合理、资源利用高效循环、节能措施综合有效、建筑环境健康舒适、废物排放减量无害、建筑功能灵活适宜等六大特点[①]。绿色建筑能够在兼顾环境友好、节能减耗的同时，满足人们居住的生理和心理需求。

我国对建筑节能的重视可以追溯到1986年《北方地区居住建筑节能设计标准》JGJ 26—86的颁布。现代建筑不仅疏离了人与自然的天然联系和交流，也给环境和资源带来了沉重的负担。2004年，建设部“全国绿色建筑创新奖”的启动标志着我国的绿色建筑发展进入了全面发展阶段。随后多年间，我国相继发布了《绿色建筑评价标准》GB/T 50378—2019、《近零能耗建筑技术标准》GB/T 51350—2019等多项绿色建筑标准，并不断修订完善。

2024年初，《中共中央 国务院关于全面推进美丽中国建设的意见》指出，要加快发展方式绿色转型，统筹推进重点领域绿色低碳发展，推动各类资源节约集约利用。从2022年各国能源消耗总量占比来看，我国占比26.5%；从全球碳排放情况来看，我国121亿t，占全球碳排放总量的33%，是世界上能源消耗和二氧化碳排放量最多的国家之一。

中国建筑节能协会建筑能耗与碳排放数据专业委员会调查结果显示，2020年我国建筑全过程能耗总量约为22.7亿tce，占全国能源消费总量的比例约为45.5%；建筑全过程碳排放总量约为50.8亿t二氧化碳，占全国碳排放总量的比例约为50.9%，其中居住建筑碳排放量占建筑全过程碳排放总量的比例高达42%。

---

① 中华人民共和国住房和城乡建设部. 贯彻落实科学发展观大力发展节能与绿色建筑[EB/OL].（2005-2-23）[2024-07-20]. https://www.mohurd.gov.cn/xinwen/gzdt/art/2008/art_304_162639.html.

新时代的好房子需要通过转变传统的建设模式和延长建筑的使用寿命提高居住空间的资源环境效率，注重节能、节地、节水、节材、环境友好、资源的有效利用和先进的建筑材料应用，以绿色建筑为人民的绿色生活作保障。

5. 健康：身心健康、适老适小

我国健康建筑主要是基于绿色建筑基础之上，通过提升建筑健康性能要素和追求功能创新来全面促进建筑使用者的生理、心理和社会健康。2020年前后，随着人民生活水平的不断提升以及疫情暴发带来的生活方式改变，居民对于住宅健康的认知觉醒、需求不断增加。头部房企如中海、绿地、保利、万科等，均围绕健康住宅开展专项研究，并基于各自的健康住宅建设体系发布过相应的健康住宅产品。

权威性较高的健康建筑评价标准，除了由国外机构制定的WELL、HiH等，我国也自2016年就发布了《健康建筑评价标准》T/ASC 02—

健康住宅评价框架图

2016，随后又于2021年发布《健康建筑评价标准》T/ASC 02—2021修订版，最新的《健康住宅评价标准》T/CECS 462—2024则于2024年发布。几部标准细则有差异，但基本上都是围绕空气、水、舒适度、人文关怀等。我国的健康住宅标准还特别强调了群体的交流与个人的心理活动，也有对适老化做出评析，反映出对老龄化的重视。

6. 品质高：安全耐久、韧性强

我国住宅建设工程质量良莠不齐的问题长期存在。中国消费者协会公布的2017—2021年房屋及建材类投诉数据显示，房屋及建材类投诉连续增长，年均增长率为11.7%，住房质量投诉问题主要集中在消费者购买房屋收房后，发现墙体裂缝、楼板鼓裂、屋面渗漏、墙皮脱落、家用设施安装不到位等房屋质量问题[①]。

此外，住宅使用寿命短、建筑全寿命期性能不高等问题也影响着居民生活

2017—2023年房屋及建材类投诉数据统计

① 内容来源：中国消费者协会。

郑州碧园荣府（百年住宅项目）

的安全感、幸福感和生活品质。高品质住宅建设需做到质量高、安全性强、韧性强、使用寿命长、经得起时间考验，具体可基于SI建筑体系、百年住宅设计进行。

百年住宅是以住宅全寿命期为基础，在建筑规划、设计、建造、使用、维护和拆除再利用全过程周期中，通过提高建筑结构的耐久性、居住的安全性、建筑的节能性、功能的适居性等，实现居住与环境和谐共生的优质住宅。其核心概念主要有两方面含义，一方面是优秀品质保障满足100年的居住使用，另一方面是能够适应不断增长及变化的居住需求。包括：

6.1 限制性指标

住区容积率控制在2.0以内（连云港核心城区高品质住宅示范区容积率控制在1.8），建筑限高控制在60m以下，建筑层高保证在3.1m以上。

6.2 耐久性能

结构应根据设计使用年限和环境类别进行耐久性设计，混凝土结构的材料按规范要求控制最大水胶比、最低强度、最大氯离子含量、最大碱含量；钢结构应进行防火计算，并采用合理的防火措施；钢结构构件及连接应采用合适的防腐涂装，并定期检查维护。

在建筑保温、建筑防水防潮、内装饰面要考虑高耐久性。采用预制混凝土夹心保温外墙板系统，提高建筑的保温隔热性能；阳台防水措施加强。阳台地沟预留及地漏回形安装。湿区门套防水防潮措施加强；室内天花板及墙面防裂措施加强等。

6.3 适变性能

在进行空间设计时，合理划分套型内的功能空间，如卧室、客厅、餐厅、厨房、卫生间等。考虑空间的灵活性和可变性，空间设计灵活隔断，使不同功能空间之间可以相互转换或合并。满足居民不同年龄、不同家庭阶段的生活需求。这就需要空间设计预留“弹性”，而不是直接把格局“做死”。

同时，注意灵活隔断的隔声性能，确保隔断墙少而精。采用折叠、旋转等多种设计手法灵活改变空间结构，实现功能空间的转换。

6.4 适老通用性能

采用适老化通用部品；套型设计应符合通行无障碍、操作无障碍、信息感知无障碍的使用要求；住宅套内空间应设置扶手、防滑地面和报警装置等基本设施；厨房、卫生间使用功能与空间应满足通行的便利性和可达性要求。

6.5 长期维护性能

住宅部品应具有维护管理和检修更换的方便性，其检修更换不应影响建筑支撑体的安全性；住宅的部品部件宜设定维修更换年限，维修更换满足相应年限要求；针对设计、施工和使用上的特点，制定定期的日常检查和维护维修计划及长期维护维修计划。

高强混凝土

加筋型 TPO

↑建筑材料示意　↓住宅适老设计示意

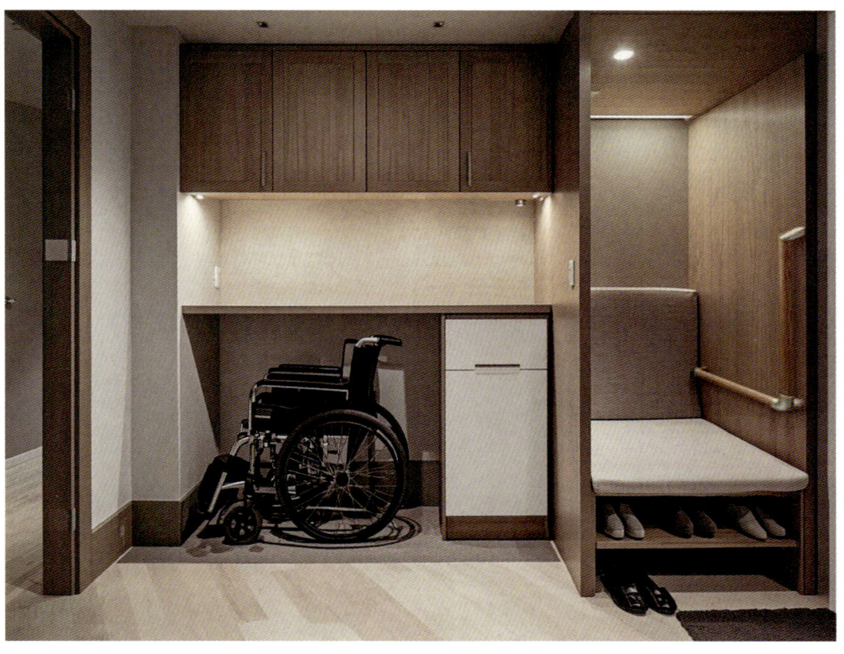

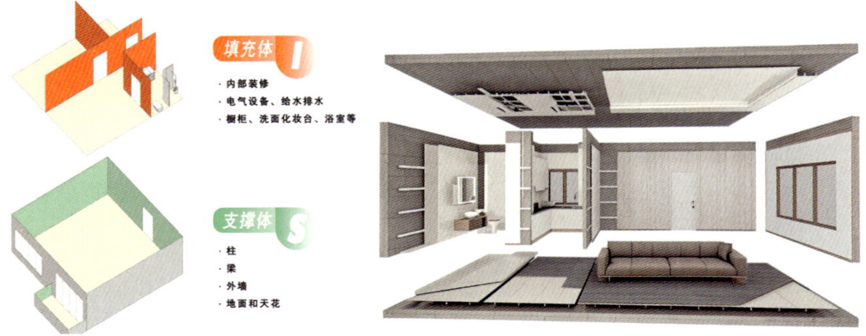

← SI（Skeleton-Infill）住宅支撑体填充体分离体系　→住宅装配式内装示意

6.6 SI建筑体系

结构主体承重构件优选大开间布置，便于室内布局的灵活变动；内装部分与主体结构相分离，采用内隔墙管线一体化、装配式隔墙板、装配式吊顶等装配化装修方法进行干法施工，便于维修、改造和更换。

6.7 安全性能

在建筑构件的连接方面要考虑高安全性；加强开敞阳台玻璃栏板安装安全措施，满足玻璃栏板上阳台封闭强度要求，提高外窗、防护栏杆的安全防护水平；利用景观形成可降低坠物风险的缓冲带、隔离带；建筑室内外地面设置防滑措施；合理提高建筑的抗震性能等。

7. 智慧：智能家居、智慧社区

自我国从西方引入智能建筑的概念起，众多住宅项目都将“智能”作为一个新兴的销售卖点进行宣传，然而真正的智能家居系统并不多见。近年来，随着新标准的发布、新技术的研发，住宅产品及住区智慧化发展渐入佳境，越来越多的企业开始了住宅及设施智能化的尝试与探索。未来，成熟的智慧住宅将利用物联网、大数据、人工智能等信息技术，融合社区场景下的人、事、地、物、情等多维数据资源，提供面向居民、物业及社区的管理与服务系统，打造科学化、智能化、精细化的服务。

8. 产业化

装配式建筑及SI建筑体系应用，践行建筑全生命周期的低碳路径。按照《装配式建筑评价标准》GB/T 51129—2017进行装配方案选择和装配率计算，装配率不低于50%。

装配式专业在建筑方案设计和施工图设计阶段提前介入，注重构件通用化、构件标准化、户型标准化设计。设计阶段采用BIM正向设计，施工阶段采用BIM数字化、智能建造方式进行装配化施工。预制构件上的建筑立面线条考虑后挂安装，且避免出现异形构件；屋面、卫生间等涉水区域楼板宜采用现浇板，增强防水性；内隔墙宜采用轻质隔墙板。

三、高品质住宅六体系

高品质住宅建设应以绿色、健康、装配式、超低能耗、智慧化、BIM全生命周期六大指标体系为技术实施路径，具体如下：

1. 绿色

1.1 海绵城市设计

通过对场地环境要素的组织，搭建水循环与海绵生态框架，雨水排水管网设计重现期不低于5年一遇，优先选用绿色生态海绵设施。衔接和引导屋面雨水及道路雨水进入场地生态系统，控制雨水径流量，并采取相应的径流污染控制措施。

海绵城市设计示意

1.2 建设标准

建筑设计应达到《绿色建筑评价标准》（2024年版）GB/T 50378—2019二星级及以上标准。

1.3 采用全装修，装修设计与建筑设计同步

在交付前，住宅建筑内部墙面、顶面、地面全部铺贴或粉刷完成，门窗、固定家具、设备管线、开关插座及厨房、卫生间固定设施安装到位。

1.4 新能源机动车配套建设

鼓励推行新能源机动车，合理布置充电桩，住区所有配建停车位均应满足充电设施安装和使用条件（包括预留充电桩安装位置、管线、桥架和电缆、电表箱安装位置等），充电设施按100%负荷容量预留建设空间，设置充电设施的停车位不应少于核定总停车位换算当量的15%。

1.5 窗外遮阳设置

住宅东西两侧窗设置外遮阳，建筑外遮阳能够遮挡平射到窗口的阳光。适

用于接近东西向的外窗。实际中可以单独选用或者进行组合，常见的还有综合遮阳、固定百叶遮阳、中置遮阳等形式。

1.6 通风设计

无论卫生间是否有外窗，均应设置机械通风或预留机械通风设置条件。如果住宅套内有两个及以上的卫生间，至少应保证一个卫生间可直接采光、自然通风。

1.7 使用绿色建材

建筑装修材料采用绿色认证产品。绿色建材产品认证是指：符合国家相关技术要求和标准，且通过了中国国家认证认可监督管理委员会（CNCA）审批，并获得具备资质的认证机构认证，具备“节能、减排、安全、便利和可循环”特征的建材产品。

1.8 可再生能源利用

鼓励利用太阳能、地热能、空气能等可再生能源。可再生能源建筑应用系统设计时，应根据当地资源与适用条件统筹规划。应根据适用条件和投资规模确定该类能源可提供的用能比例或保证率，以及系统费效比，并应根据项目负荷特点和当地资源条件进行适宜性分析。宜优先设置太阳能热水系统。

绿色建材产品认证

2. 健康

健康建筑是在满足健康功能的基础上，提供更加健康的环境、设施和服务，促进使用者的生理健康、心理健康和社会健康，实现健康性能提升的建筑。2021年，中国建筑学会发布新版《健康建筑评价标准》T/ASC 02—2021。该标准的拟定是以生理、心理、社会为基点，空间、设备、设施、服务为载体，以介质性要素（空气、水）、感知性要素（声、光、热、湿）、措施性要素（健身、人文、服务）为指标，以坚决杜绝有害因素、积极鼓励有益因素、正确引导弹性因素为途径的评价标准。

健康住宅设计基于空气、水质、舒适、健身、人文、服务六大指标体系，围绕居民生理、心理健康所需开展。例如：

2.1 空气

从社区规划布局、建筑结构设计、住宅平面布局入手，营造良好的通风环境和空气质量。如社区垃圾收集设施宜布置在下风向位置，邻近物业管理用房或居委会设置，提高管理效率，提升住区品质；住宅应安装可调节的双向新风换气系统等。

健康建筑研究示意

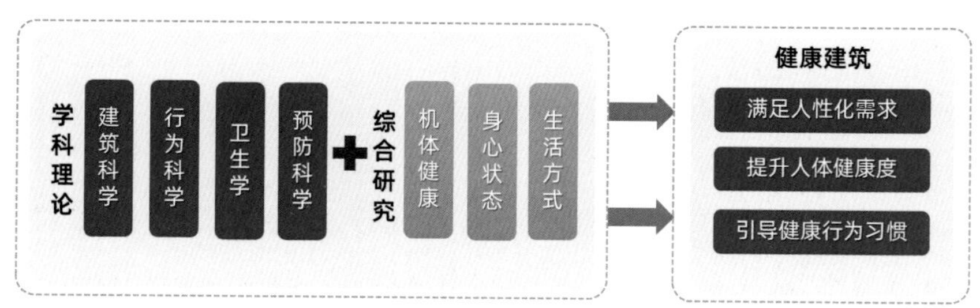

2.2 水质

通过提高水质和管理维护等手段，降低建筑内部水污染或潮湿等导致的健康风险。如小区应设置水质在线监测系统，监测生活饮用水、直饮水、游泳池水、非传统水源的浊度、余氯、pH值、电导率（TDS）等水质指标，监测结果能通过户内信息化系统或者小区主要出入口信息屏显示；住宅设计预留全屋净水系统安装空间，并预留其给水排水条件等。

2.3 舒适

建筑设计能够营造舒适的声、光、热环境，并关注居民心理需求。如在平面布置和建筑构造上采取防噪声措施。卧室、起居室在关窗状态下的白天允许噪声级为40dB（A声级），夜间允许噪声级为30dB（A声级）。电梯井道与住宅户内除卧室外的其他房间（空间）相邻时，电梯井壁、电梯设备、电梯机房均需采取有效的隔声减振措施；通过梁上翻，减小窗槛墙等设计手法改善卧室及起居室的有效光照区域。

室内“五恒”系统

室内“五恒”系统的应用：恒温——分户式冷热源系统及分户式控制系统；恒湿——分户式新风调湿系统及室内环境检测系统；恒氧——全屋置换新风及厨房补风系统；恒洁——新风系统高效过滤装置；恒静——无风感空调末端设备。

合理的户型空间设计有助于营造和谐的家庭环境，帮助居民保持健康的心理状态。如生活区域的合理划分，既满足家庭成员的交流互动，也能够尊重个人的隐私；双阳台、多功能空间的设置创造更多放松和社交的场所；卧室空间的均好性，使不同年龄段的家庭成员在生活空间分配上感受到平等与尊重等。

2.4 健身

居民的身心健康离不开强健的体魄。住宅设计应提供便利的室内外运动空间，鼓励体育锻炼。小区内应设置老年活动场地、儿童活动场地，并满足下列条件:

儿童活动场地不少于3件（套）娱乐设施；
老年活动场地不少于6人座；
活动场地附近应设智慧灯杆，实现一键报警、远程监控等功能；
场地约100m范围内应设有直饮水设施、公共卫生间；
小区应设置宽度不小于1.25m，长度不少于用地红线周长1/4且不少于100m的健身步道，应采用环保型弹性减震材料并设有健身引导标识；
室外健身场地内健身设施台数不小于建筑总人数的1%，且种类不小于4种。

2.5 材料

注重建筑材料的环保性，以及健康建材的应用。如硅藻土、海泡石等改善空气环境的净化材料、改善微生物环境的抗菌防霉材料、调湿板材、调湿壁材等改善物理环境的多功能材料等，关注住宅空间内的射频辐射、空气中的有害毒素与细菌等过敏原等，降低建筑和装修材料对人体的直接或间接伤害。

健康跑道
游乐设施
风雨连廊
下沉会所

2.6 社区

社区打造着眼于全生命周期的健康需求。小区内应合理设置多元的交往空间和文娱活动场地，如首层架空层、风雨连廊、对内开放使用的下沉会所等；积极构建健康服务体系配套，如康养中心、医疗中心等。

3. 装配式

优秀的装配式设计具有流程精细化、设计模数化、配合一体化、成本最优化的优点。

3.1 装配式建筑实施方案

主体结构竖向构件：采用预制柱，钢筋通过灌浆套筒连接，预制竖向构件应用比例大于35%；

主体结构水平构件：采用预制楼梯、预制叠合板，预制水平构件应用比例大于70%；

非承重围护墙非砌筑：采用预制混凝土围护墙+ALC墙板，非承重围护墙非砌筑应用比例大于80%；

内隔墙非砌筑：采用蒸压轻质加气混凝土墙板（ALC板），内隔墙非砌筑应用比例大于50%；

采用全装修：建筑功能空间的固定面装修和设备设施安装全部完成，达到建筑使用功能和性能的基本要求。

装配式建筑设计示意

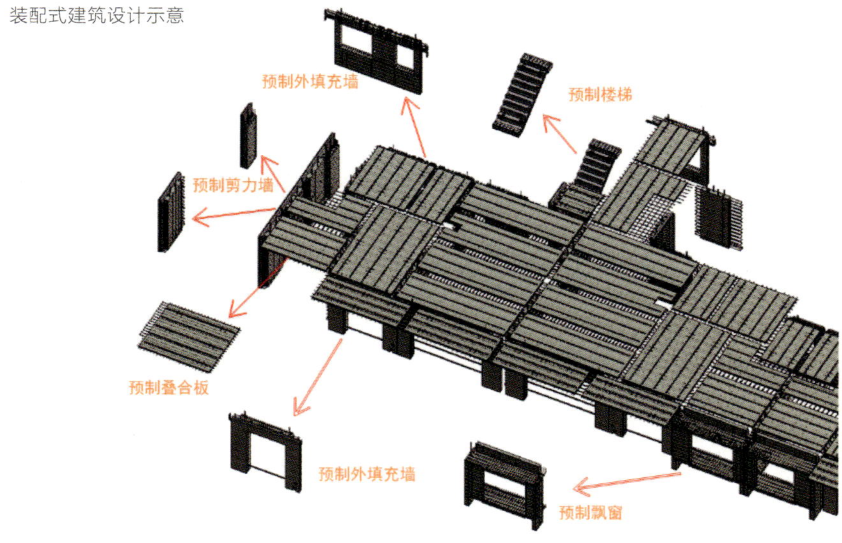

3.2 装配式设计与BIM设计相结合

可将信息集成于构件，延伸应用二维码溯源；实现可视化模拟构件吊装与碰撞检查；自动统计构件方量，大幅降低预算编制时间；对接构件厂数据中台自动生成下料清单；高精度核对机电点位的预留预埋。

3.3 装配式设计与结构设计相结合

装配式设计与结构设计可由同一团队、合并一套图纸完成，在前期计算时充分考虑装配式需求，避免反复，大幅降低沟通成本，避免漏项或重复表达。深化图与结构施工图同步完成，缩减设计周期。

4. 超低能耗

鼓励设计超低能耗建筑，满足《近零能耗建筑技术标准》GB/T 51350—2019等标准要求。适应气候特征和自然条件，通过被动优先，主动优化，大幅度提高能源设备与系统效率，合理利用可再生能源，以更少的能源消耗提供更舒适的室内环境。

超低能耗建筑实施路径

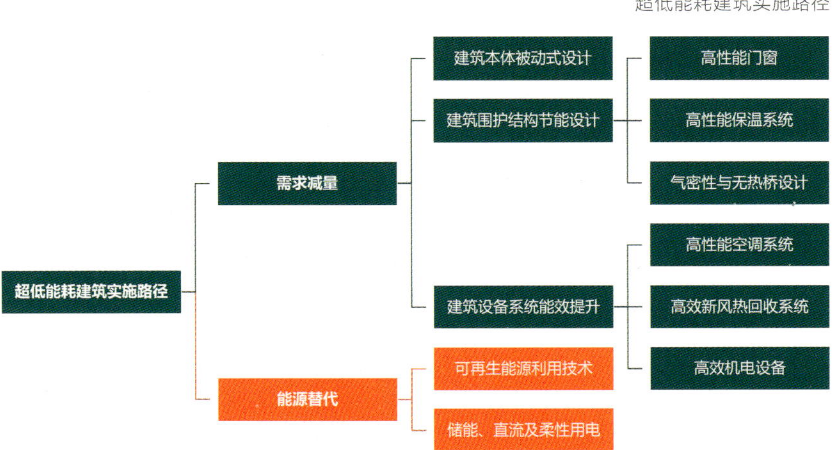

超低能耗建筑设计示意

4.1 建筑围护结构节能设计

采用高性能外门窗，外窗K≤1.0W/（m^2·K），气密性8级，外门K≤1.2W/（m^2·K），气密性7级；外墙保温应满足外墙K≤0.2W/（m^2·K）；屋面保温防水应满足屋面K≤0.2W/（m^2·K），保温上方可增设防水层和隔汽层。

4.2 建筑设备系统能效提升

供暖空调冷热源设备应选用高效率的机组，设置热回收新风系统。超低能耗建筑新风系统设计要点有：各功能空间单独送风、卫生间集中回风；全热回收系统，显热回收效率需≥75%；厨房设置独立的补风口；根据室内CO_2、$PM_{2.5}$浓度自动调节。

以全球领先的近零能耗高层住宅，位于西雅图的303 Battery项目为例，该建筑将预制构件和模块化建筑系统结合在一起，降低建筑材料运输和施工过程中的能源消耗。设置智能监测系统，全天监测居住楼层的建筑物理环境，分析供暖、制冷、能源和水耗的使用趋势。

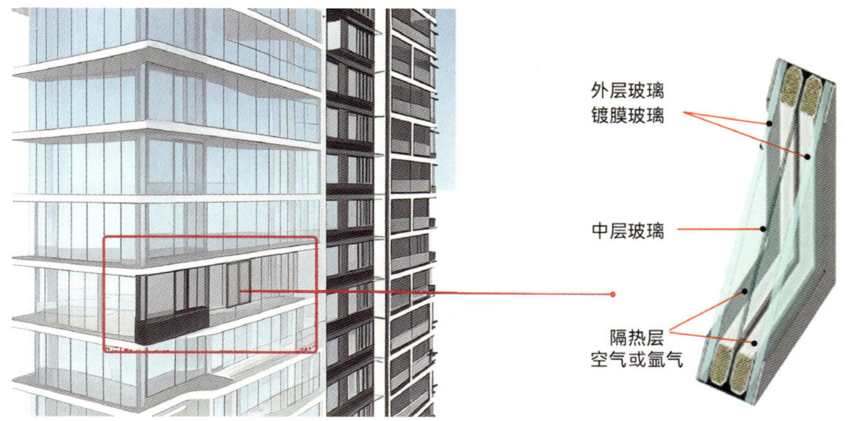

三玻两腔高性能中空玻璃

居住单元配备智能恒温器、遥控灯和百叶窗以及电动智能锁，建筑租户和管理者都可以访问一个集成的应用程序，该应用程序提供了有关如何节约能源和用水的建议。居住单元设置滑动玻璃墙，可以将每个单元变成一个室内外互通变换的空间。公寓里包括厨房和浴室在内的每个空间都能够充满自然光。

303 Battery由600多块分布在屋顶、外墙和阳台上的太阳能电池板供电，场地的储能电池可以覆盖夜间和停电期间用电。建筑采用三玻两腔高性能中空玻璃，采用节能电梯和日光传感器。每个居住单元中的地板辐射供热将提供有效的热源，同时，80%来自淋浴的热量将被回收利用。这些都会减少整个建筑的电力使用。

5. 智慧化

智能化设计标准集物联网、云计算、大数据、智能算法等多种技术，将社区安防管理、物业管理、社区O2O、邻里社交、智能家居等服务模块融合统一。住区智慧化及智慧住宅建设可从以下几个方面开展:

5.1 信息设施建设

提升社区信息设施建设，实现公共区域、电梯、地下室等位置移动信号及无线网络100%覆盖。

5.2 智能便民设施

设置包括但不限于智能快递柜、无人自助洗车、自助纯净水设备、自动售货机等便民设施。

5.3 垃圾分类智能监督

内置无线物联模块和传感器，具备垃圾箱溢满提示，提示信息可自动推送到相关处理人员手机App或者小程序，具备垃圾分类关键数据和态势的后端管理和呈现能力。

5.4 智慧安防系统

将入口控制系统、视频监控系统、电子巡查系统、入侵报警系统、停车场管理系统、紧急求助、楼宇对讲系统等集成，实时监控并用AI分析安全、老幼动态及突发卫生事件，打造全方位立体智慧安防系统。能够利用视频智能算法，自动识别高空抛物、电动车入梯、消防通道占用等场景，并能进行预警。

5.5 智慧康养

实现老幼活动轨迹跟踪、老年人远程看护线上健康监测、线上会诊等功能；可为老人配置物联终端，如智能手环、一键呼叫器、防走失设备等，并与社区综合信息服务平台联动，实现状态检测、预警信息推送等功能。

智慧家居示意

5.6 数字家庭

基于物联网技术实现数字家庭，室内设置煤气泄漏、火灾、求助报警、水溢、用电过载保护、漏电保护等紧急报警系统，报警信息可自动推送到紧急联系人及社区综合信息服务平台，同时设置环境监测系统，实时监测室内温度、湿度及空气质量。

5.7 智慧家居

通过物联网技术将灯光、窗帘、门锁、可视对讲、新风、空调、地暖、家电、摄像头、音乐广播、影音以及丰富的环境探测类产品进行集成，通过不同的交互方式实现各种场景切换，系统应具备易用性、稳定性、安全性、兼容性和扩展性。

5.8 低碳管理

统筹规划、合理利用可再生能源，具有碳排放管理系统，能够对社区内各业态、各建筑、各碳源的碳排放信息予以采集、核算、分析、预警、规划模拟及推演管理。合理利用绿电，建立光、储、充智能管理系统，建设小型绿色电站，为社区机动及非机动电动车智能充电，并通过物联网系统实现有序充电和能效管理。

5.9 设备监控系统

对社区设备进行统一远程监控和运维管理，监控内容包括社区门禁、对讲、监控、充电桩等小型设备，以及公共照明、给水排水、供电配电、电梯、换热站大型设备等，并具备对社区能耗进行分析和展示，为实施节能优化控制措施提供依据。具备BIM、物联网感知数据和业务数据的接入与融合等功能，打造数字孪生平台，接入社区管理服务端口及CIM。

6. BIM全生命周期建设

6.1 设计阶段

通过流程化、数字化和参数化的方式，建立、表达和呈现工程模型，以实现指导项目全生命周期历程、优化工程项目资源、提升工程施工效率等目的，打造“BIM+”模式，在建筑低碳建设中，通过信息化技术在设计端实现对碳排放的监测管理、数据共享等优化，减少浪费和碳排放。

6.2 施工阶段

BIM持续跟踪，在施工阶段实时更新模型，达到竣工要求，满足运维需求。BIM 4D模拟可用于创建施工进度计划，以便监控项目进展并识别可能的延误或瓶颈；可用于资源管理、分配资源，包括人员、设备和材料，以确保每项任务都能按时完成；可用于施工方法优化，确定最佳施工方法和技术，以提高效率和质量，减少成本和浪费。BIM智慧运维可将三维建筑可视化，不动产数据化，档案信息化，让建筑的“心跳”不仅可以直观看到，还可以转化成数据并永久备案。

1区7
东区B1
东区B2
东区B3
西区B1
西区B2
西区B3
1区1
1区2
1区4
1区5
1区6
1区7
2区1
2区2
3区1
3区2
ALL
系统列表
搜索
刷新左屏
刷新本屏
刷新右屏
在线轻量化
楼栋未选中
2020年8月21日
9:59:28
楼栋楼层数统计
22号楼
6号楼
21号楼
7号楼
19号楼
10号楼
18号楼
11号楼
17号楼
15号楼
楼栋房间数统计
11号楼：3300间

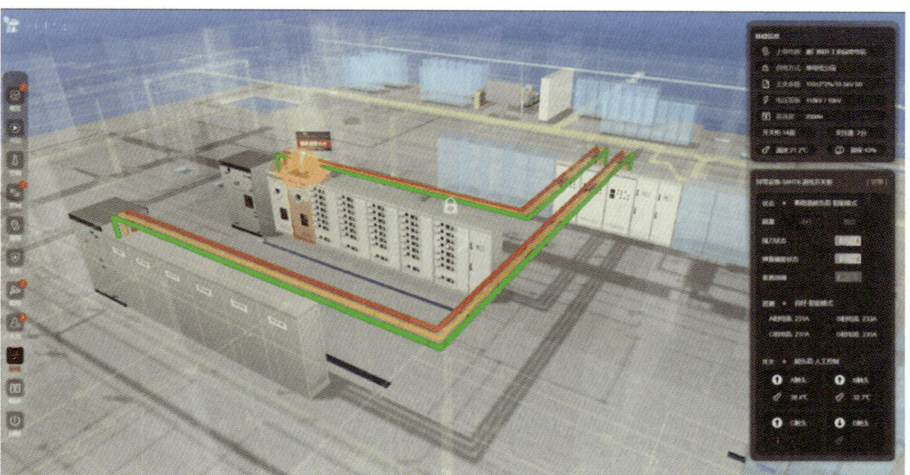

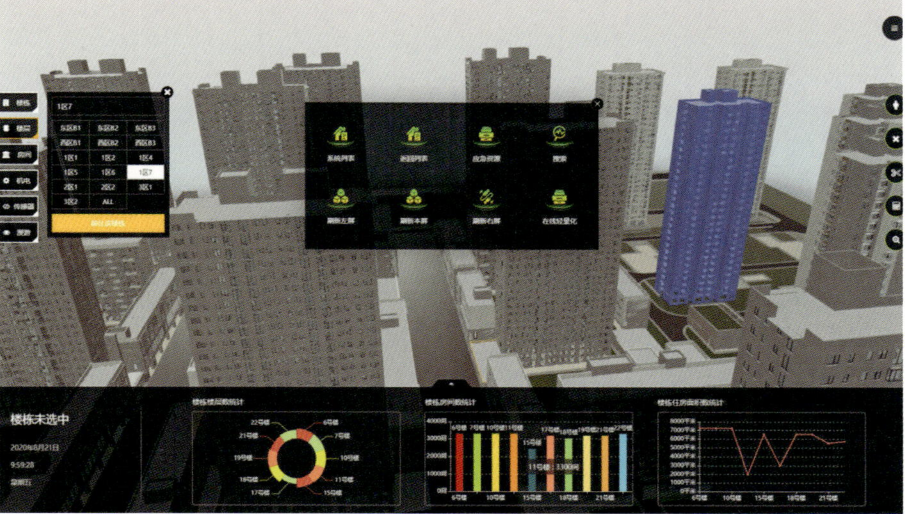

“BIM+”设计示意

好设计　好房子　好生活

第三章

设计引领，促进高品质住宅建设

徐辉设计自20世纪90年代起，与众多房地产开发企业合作，设计并建成不同类型住宅产品数量1000多个，设计产品类型多元，覆盖不同地区、不同等级城市、不同客群。结合大量住宅建筑实践经验，以及对落地项目市场表现评估和总结可以看出，高品质住宅设计不仅关乎住宅品质提升，同时也对提高房地产企业市场竞争力、促进房地产市场高质量发展具有重要意义。

一、市场表现分析：逆市热销的高品质住宅项目

随着我国房地产市场进入深度调整期，有观点认为，在房地产黄金时期我国住宅产品能够不断实现迭代升级的原因之一是房企较高的盈利能力。房地产企业基于持续走高的市场预期，有动力和能力投入较多资源进行新产品的打造、研发，以求在市场竞争中脱颖而出。但随着市场热情回落，房地产企业以“活着”为生存目标，维持业务的正常运转已成为很多企业的中心要务，住宅产品的创新、品质已并非当务之急。与此同时，收入预期弱、对房地产市场信心缺失等因素让居民购房积极性持续走低，房地产开发企业并不认为居民愿意为高品质住宅带来的高成本买单。

然而，徐辉设计自2021年起与河南金沙集团（后文简称“金沙集团”）合

作的多个高品质住宅项目，均是高品质、销售单价高于同区域住宅均价，接连逆市热销的市场表现与上述观点并不符合。

2021年—2024年，徐辉设计与深耕河南商丘区域的房地产企业金沙集团开展战略合作，先后设计并落地了位于商丘市的金沙东院、金沙天悦、金沙壹号院；位于商丘夏邑的金沙壹号院、位于商丘柘城的金沙青云书院、金沙壹号院。

商丘金沙天悦开盘于2022年5月，定位为高品质改善型住宅，产品均为高层，售价比同地段住宅高约27%，开盘后连续3个月每月销售200套以上，是商丘房地产市场的单盘销售冠军。随后开盘的商丘金沙东院是金沙集团目前为止最高品质的住宅项目，开盘至今实现销售单价比同地段住宅高约70%，2023年上半年被克而瑞评为“全国十大高端作品”，也是该榜单上唯一一个位于三线城市的住宅项目，和唯一一个非国企、央企开发的住宅项目。

商丘金沙壹号院开盘于2022年10月。这一时期，河南新房成交活跃度跌入冰点，房地产市场处于半停摆状态。从全国来看，重点30城成交面积

金沙集团部分项目开盘现场

金沙青云书院实景

创当年下半年单月新低，环比下降14%，同比跌幅扩至28%。而位于三线城市商丘的项目，在售价比同地段住宅高约40%的情况下，实现首次开盘销售额约7.1亿元、3个月清盘的成绩。

位于商丘市柘城县的金沙壹号院和金沙青云书院，分别开盘于2023年1月和2024年1月。其中柘城金沙壹号院开盘当天销售额约2.7亿元，销售价格相比同地段住宅高约30%；金沙青云书院开盘当天销售额约1.3亿元，销售价格相比同地段住宅高约35%。

从上述项目的共性来看，均于房地产下行时期开盘销售，均是高品质住宅产品，销售单价均高于同区域其他楼盘，均实现了项目的持续热销。从开发企业金沙集团今年的销售情况来看，在市场持续低温运行的2023年和2024年，金沙集团在春节返乡置业时期，分别实现了1500套和约15亿元的销售成绩。

无论是曾经的品质房企代表永威置业，还是如今的后起新秀金沙集团，均通过对住宅产品的不断升级、施工质量的严苛要求、物业服务的细致入微，打造出一个个高品质住宅产品，让消费者愿意为好房子营造下的美好生活向往而买单。这也恰恰印证了倪虹部长的讲话——“谁能为群众建设好房子、提供好服务，谁就能有市场，谁就能有发展，谁就能有未来。”

二、热销逻辑探索：高品质住宅撬动美好生活向往

2023年9月，《国务院关于规划建设保障性住房的指导意见》（国发〔2023〕14号）发布。发文的核心内容之一是：让商品房回归商品属性。这与主流市场需求相匹配。政策导向和市场导向双重叠加下，为未来相当长一段时间内的房地产发展趋势定下主基调，改善型住房将会成为新开发住宅产品的主流。特定的住宅趋势与特定的时代相关联，即便不同等级城市的房地产市场产品结构特征不同，改善客群和刚需客群对于美好生活的向往是一致的。互联网时代，人们获取信息的渠道多元且便捷，人们对于好产品的认知趋同。以金沙集团的项目为例，（从县城到商丘市区）5500元/m^2的住宅产品和15000元/m^2的住宅产品都能撬动市场购买力，这背后是购房者对于好设计引领、好房子营造下的好生活预期。

对于现在的购房者来说，家的概念已经远远超越了传统意义上的居住空间，它成为个人品位、生活方式和情感寄托的综合体现。高品质住宅设计以“设计生活”为底层逻辑，以对购房者居住需求、产品偏好、生活特征以及空间需求的深入调研和前瞻判断为基础，推进住宅产品的迭代，以此革新和引领居民更好的生活方式。

以徐辉设计的多个高品质住宅项目为例，从设计阶段来说，方案设计是定

制化的，兼顾创新性、市场性、差异性、在地性和适度的领先性；施工图设计兼顾可实施性、高质量及精细化。在交付阶段，对于设计企业来说，产品的交付不是结束，而是开始。以产品的功能价值提供业主的情绪价值，从而完成生活品质提升的闭环。

金沙东院就是徐辉设计落地高品质住宅样本的创新尝试之一。作为开发企业全新的住宅产品线，以雅致高贵的建筑风格匹配项目的高端产品定位，以极简为设计风格特色，精致纤细的横线条营造无边际的视觉感受，精良的工业化产品质感给商丘购房者带来耳目一新的感受。户型方面局部挑空6.6m的双层挑高空中庭院产品，规划方面下沉会所三维多元的空间变化，都为居民带来全新的居住体验，是商丘区域住宅产品的全新尝试。

在此基础上，开发企业稳健的先进发展理念、考究的施工品质、贴心的物

金沙东院实景

业服务给购房者提供了美好生活得以兑付的充足信心。

三、企业破局启示：行业高质量健康发展路径

随着国内房地产市场格局变化，房企呈现出央企国企占据主导、优质民企稳健发展的形势，长期深耕产品且多年来以产品硬实力著称的企业表现出较强的竞争力。而金沙集团作为一家三线城市的区域性民营房企，却在告别了市场的“黄金时代”后，迎来企业发展新的“黄金时代”：在极度低迷的市场环境下，重仓拍得“地王”地块，并实现品牌溢价和逆市热销；企业负债为零，在不运用任何资金杠杆的情况下，在单一的三四线城市实现年销60亿元；在平均售价仅5000多元的县域市场，实现打造高品质与低成本的平衡；销售价格和去化速度“碾压”同区域头部房企，集中交房近零投诉、物业费收缴率100%……这背后的“破局”之策值得探究。

1.“黑马”企业的崛起历程回顾

金沙集团成立于2007年，是一家区域深耕型企业，在商丘先后开发建设了43个项目，其总裁谦称自己所在的公司是“一家从县城走出来的‘草根’小房企”，在当地以一流的工程质量、贴心的物业服务著称，公司多年来脚踏实地积累的公信力和客户口碑为其逆势崛起奠定了坚实的基础。金沙集团的现象级“出圈”始于2020年商丘金沙天和项目，自该项目起，金沙集团改变了产品的打造理念——摒弃标准化、程式化、同质化的住宅产品，重视定制化、创新性的产品设计，先后与国内一流的建筑设计及景观设计团队合作，以设计赋能产品力，在市场激流中开辟出一片天地。

2020年，商丘金沙天和项目刷新了市场对于金沙集团住宅产品的固有印

象，提升了金沙集团品牌的知名度和美誉度；2021年，金沙东院、金沙天悦通过全新的产品形态引领了商丘住宅新趋势，金沙集团在这两个项目上实现了品牌的溢价；2022年，金沙壹号院生活艺术馆以极具艺术性、创新性、在地性的建筑形态引起了广泛关注，不断更迭、创新的住宅产品打造给金沙集团贴上了“唯定制、不复制”“创新”“高品质”的品牌标签。

至此，金沙集团已成为区域最具影响力的房企之一，并以产品的硬实力跃升为品质开发商代表，其卓越的产品品质、可与国内一线高端住宅比肩的产品设计、有口皆碑的物业服务、精细化施工工艺，吸引了众多房企、政府相关部门及行业机构前来考察研学。

据粗略统计，2023年—2025年，到访金沙集团考察的企业近7000家、人数近7万，被众多研学机构趣称为“商丘5A级景区”。2024年5月，由中国房地产业协会主办的高品质住房建设与创新运维服务现场交流会在商丘召开，来自22个省市的房地产业协会、物业管理协会，70余个城市的200多家房地产开发企业、物业服务企业、研究机构及产业链企业代表赴金沙集团，学习其高品质住房建设及运维服务经验，探寻行业高质量发展的路径。

无独有偶，河南御都集团（后文简称“御都集团”）也是崛起于房地产下行时期的区域型民企。御都集团以西平御都珑水云墅项目为代表的高品质住宅项目吸引了来自全国各地数千家企业考察学习，其在县域开发的项目有着不输一线城市的产品设计、精工品质、社区环境、居住体验。

御都集团成立于2009年，主要住宅业务布局于河南省驻马店市西平县。在2022年的市场背景下，御都集团累计提前交付36个楼栋，近20万m^2，交付业主数量2500户。单盘月均销售100套，在当地市场占有率60%以

中国房地产协会主办高品质住房建设与创新运维服务现场交流会及金沙项目考察现场

御都项目考察现场

御都珑水云墅项目（四代住宅）

上。作为突破疫情与行业调整双重影响、成功逆势突围的企业，御都集团负责人在做分享时表示，房地产行业虽面临着大洗牌局势，但房地产企业面临的是转型不是转行，以量转质，从打造刚需住房转为打造改善住房。舒适型、颐养型社区的入市将会带动县域房地产市场的一波新高潮。

2. 见微知著的发展路径启示

要满足人们对于品质生活的需求，各行各业的高质量发展显然是关键，而行业的发展，更离不开领军企业的探索、努力和带动。短短两三年，通过几个住宅项目的打造成为区域前列、行业知名的房企品牌，这是金沙集团、御都集团重视设计，将产品力作为企业生存发展的根基、将营销理念从产品思维转变为品牌思维的结果，给愿意沉下心来稳健发展，有追求、

考察团在御都珑水云墅项目（四代住宅）研学考察

有信念、有使命感的品质房企带来希望、提振信心，也给房地产高质量发展路径带来启示。

从房地产企业个体来说，物质（产品）只是购房者的基本需求，精神（意义）才是购房者的更高向往。购房者表面上追求的是“好房子”，实际上追求的是“好生活”。

房地产企业需要认清“匠心”本质，踏踏实实做好产品，重视产品核心竞争力、产品品质提升，认清好的设计不是成本，而是投资。重视客户关系的运营，以品质力、交付力和服务力提振购房者信心，建立公信力。从产品思维到品牌思维，从老板思维到用户思维才是企业决策者打造好产品，平稳穿越市场周期，实现企业行稳致远的路径。

从房地产行业发展来说，住宅设计是构建高品质住宅的“定调”环节，设计赋能能够带来住宅产品力的大幅提升，牵引销售溢价，为企业改变现状提供可能。此外，开发商诉求、政策因素、市场因素等多要素的指导和制约，都会影响设计成果落地品质。高品质住宅打造是覆盖建筑全生命周期的长期性系统性工作，不仅包含设计阶段、建设阶段，还有后续的运营阶段。只有开发、设计、施工、运营等市场主体统一价值评价体系，才能真正实现高品质住宅的落地和普及，形成健康发展的良性循环，以企业个体的长期可持续发展推动行业向上生长，实现企业、行业、购房者的多赢。

从设计企业来说，商品房住宅设计应以设计生活为底层逻辑，而后设计形态；不仅要以人为本，围绕“好房子”建设原则和标准开展，还要“以企为重”，重视商品房住宅作为“商品”的销售属性。产品更新迭代与企业发展战略同频共振。同时具有商业属性、城市属性、社会属性的产品，能够帮助企业实现品牌力的螺旋上升，满足企业盈利和生存发展的需求，从而真正让“好房子”建设不断延续。

御都珑水云墅项目（四代住宅）

好设计 好房子 好生活

第四章

基于企业发展的高品质住宅设计体系

一、新时代房企发展策略思考

房地产市场复杂、纵深且多元，房企想要实现长远发展必须具备穿越市场周期的能力，这种能力的动力来源于“三驾马车”：品牌、产品和营销。

1. 品牌

2021年，随着城市化进程持续推进，房地产“供求关系发生重大变化”定调。房地产市场巨变，购房者消费欲望降低，市场竞争愈发激烈。从“野蛮生长”跨越到精细化运营，面对红海市场下生存和发展的迫切需求，品牌塑造的重要性被推向新高度，头部房企纷纷开启对品牌长期价值的探索。

品牌是企业竞争力和可持续发展能力的重要保障，它既是企业配置资源和开拓市场的重要手段，也是企业提高附加值、形成市场溢价能力的重要砝码。新时代下，房地产企业的经营模式可以简单理解为“酒香人尽皆知”。以品牌为核心竞争力，通过品牌的自我传播效应，吸引并维系大量优质客户。

购房者的需求是显性需求与隐性需求的集合，从品牌的角度就是“显性价值+隐形价值”，让购房者认同品牌代表的产品品质、客群层级、社会认同，从而愿意为之消费，甚至付出溢价。从过去单纯的“需要”产品，变成了“想要”品牌，这就是品牌价值和品牌溢价。

企业的品牌塑造要基于企业价值观，坚持长期价值——提高产品品质，做好产品研发，深研市场和用户需求，以创新构筑差异化竞争优势，以此形成穿越经济周期波动的品牌韧性，实现品牌价值的跨越周期增长。其逻辑可以以六个字概括：真心、真言、真行。

真心，即解决问题，这也是品牌存在的价值，解决问题的能力越强，品牌的价值就越高。对于房地产企业来说，归根结底要解决的是百姓住有宜居的民生问题，责任重大；真言，即与用户诚挚沟通；真行，即以产品和服务兑现承诺，企业领导人对产品及服务的决策应立足社会需求（社会责任心），洞察目标客群的深层次需求（消费者的心）。将“真心、真言、真行”作为企业品牌塑造的基础框架，了解需求、解决问题、兑现承诺、利益大众，客户就会不断分享裂变，“品牌之果”自然成熟。

2. 产品

品牌、营销二者与产品之间，永远是“0”和“1”的关系。产品是品牌和营销的基础, 一切价值都需要产品来承载。达尔文的《物种起源》反映出，能够在自然演化中存活下来的物种，并不是那些最强壮的，也不是那些最聪明的，而是那些能对变化做出快速反应的物种。在房地产企业的市场竞争中，适应需求变化的产品打造是企业提高韧性和潜力的关键。

当下，房地产需求从“有”向“优”转变，购房者的精神需求已逐渐从隐性转变为显性，人们更多地关注产品能够提供的情绪价值、层次品位等。住宅产品经过不断地迭代升级，产品线从房企关注自身运营、成本、效率等方面，转而关心面向客户端的产品溢价、品牌溢价和产品特色、居住舒适度、彰显身份等方面，更加注重挖掘用户的真实需求，力求从客户需求本身突围。

同时，能够在同质化、内卷的市场竞争中脱颖而出的住宅产品，也都是定制化、具有在地性的。在面对独特的地块条件和规划条件下，产品的前端设计通过用心的思考、巧妙的构思、细致的打造，满足客户多维度的需求

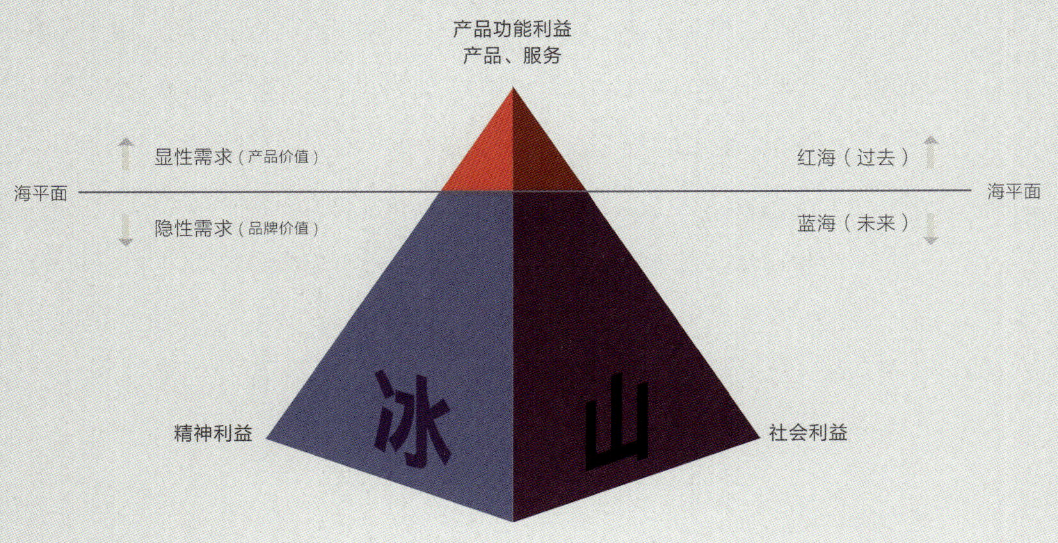

示意图

和体验，以差异化产品在市场中形成竞争优势。

3. 营销

正如品牌建设需立足企业价值观，营销同样要以企业价值观为战略支点。同时，产品的营销推广不能“只讲产品”——停留在功能阐述方面，而更需构建完整的价值叙事体系——通过产品价值传递实现与目标客群的精神共鸣，在满足功能需求的同时创造更深层的价值认同。

品牌营销有四个维度：使用维度、个性维度、精神维度和社会维度。使用维度，即关注产品的功能价值，满足消费者使用需求；个性维度，即彰显消费者自我个性，价格、品质都不是影响购买决策的决定性因素；精神维度，即注重情绪价值的传递；社会维度，即消费者通过购买产品而获得的社会身份认同。

与产品打造相同，不同的购房群体痛点不同、追求不同。有的追求使用功能，有的追求精神满足，有的追求彰显个性，有的追求身份地位。高质量竞争不是打败对手，而是差异化竞争。人无我有，人有我优，找到与对手不一样的定位，才是客户认可的原因。房企应围绕不同客群的痛点，与不同产品线的产品价值结合，制定并发掘差异化产品策略和销售卖点。

二、设计理念与管理机制并行：以徐辉设计为例

1. 设计理念

对于设计企业来说，高品质的住宅设计方案源于企业设计理念和管理机制的叠加效应。以徐辉设计为例，其住宅设计理念源于企业的文化基因。

徐辉设计创立30余年，以“追求建筑生命真谛，提升人类生活品质”为企业使命，以“设计天下，建筑人生”为企业理念，以“为建筑而生，为城市而生，为生活而生，为美和爱而生”为企业信念，以“创新即价值，品质即未来，客户即发展，员工即财富”为核心价值观，致力于使设计遍及天下，用设计惠及天下，以设计誉满天下。

在专业领域，徐辉设计将“为城市负责，为业主负责，为公众负责，为未来负责”作为设计宗旨，以“设计改变现状，创造生活新趋势”为产品价值。这样的企业文化塑造出徐辉设计的设计气质——以专业技术为基石，以价值引领为导向，践行社会责任、行业使命。

徐辉设计认为，住宅建筑设计有着引领生活、创造美好的力量。通过设计，为居民提供空间、环境、品质、时代性、在地性、美、艺术、文化等

复合价值。以住宅产品的功能价值和生活体验的情绪价值双重叠加，引领更高品质的生活方式。

作为住宅产品的共建者，徐辉设计以“设计赋能，成就客户，共同成长”的品牌主张与房地产企业开展合作。以全局视角来看，好设计不是成本而是投资——“产品力=去化率”，好的住宅设计能够从方案设计和施工图设计两个端口，为开发企业最大限度控制项目成本、提高货值、塑造产品力，进而实现企业的可持续发展。

设计企业与房地产企业基于商务契约和B2B的信任展开合作，在高品质设计方案基础上的高品质住宅呈现，对合作双方来说都是对客户（房地产企业及购房者）期待和信任的正向回馈，是买卖双方之间信任值的积累，是品牌形象的塑造和口碑相传的基础。良性的高品质合作使设计企业、房地产开发企业、购房者三方均成为利益获得者。在这样的理念影响之下，徐辉设计住宅建筑设计形成以下特色：

1.1“设计+研发”的战略指导，“C2C+市场导向”的设计思维

1.2 一体化综合设计及多专业跨学科协同能力：规划 + 建筑（方案+施工图）+ 景观 + 室内 + 新技术（BIM、绿建、海绵、装配式、智能化、健康）……

一体化资源整合，便于控制成本；协同设计各个环节，提高效率，有效缩减各环节成本。构建专业化、流程化、信息化、标准化、精细化的质量管理体系，支撑百余个精细化设计节点的高质量执行。科学高效的协同设计平台可提升项目实施的准确性、高效性和服务反馈速度，为设计方案完美落地提供保障。

五新
住宅设计
新思路
新模式
新产品
新生活
新时代

←“五新”住宅设计示意　→ 徐辉设计住宅事业部示意

1.3 五大技术服务特色：方案创意、全过程精细化设计、交付精准落地、成本合理控制、施工工艺资源。

1.4 设计特点：引领性、市场化、差异性、在地性、时代性、适度领先性。

1.5 核心优势：创新性、品质性、精准落地性。

1.6 主张以新时代、新思路、新模式、新产品、新生活为目的开展住宅设计服务。

徐辉设计住宅事业部从产品定位、方案设计、品质把控、落地交付、组织运营、营销及品牌提升等全过程介入，助力房企实现商业及品牌的双向成功。

2. 管理机制

从管理机制来说，徐辉设计住宅设计方案的高品质，源于公司不断迭代升级的四重保障体系：产品体系、质量体系、交付体系、服务体系。

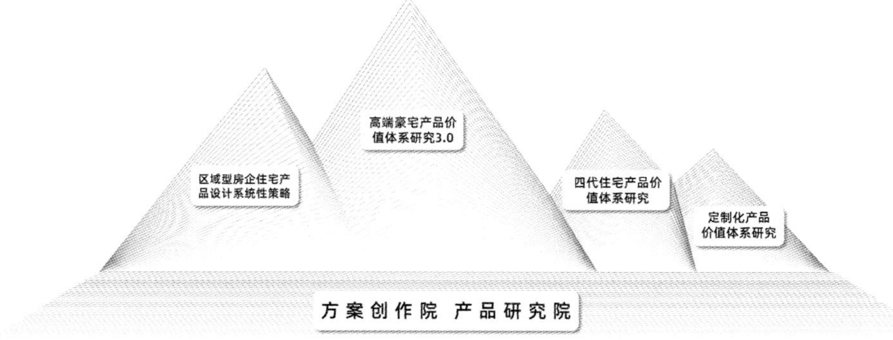

徐辉设计创意研发中心

2.1 产品体系

基于高度的社会责任感和对创新创意的执着追求，徐辉设计在上海和郑州成立创意研发中心，并专设方案创作院与产品研究院，以求在瞬息万变的行业发展中保持前瞻的设计理念、敏锐的市场感知、清醒的社会洞察。规划、建筑、景观、室内多专业协同的一体化全流程管理模式，提高项目推进准确度、效率和服务反馈速度。

- 市场保障：前瞻性、定制化的方案设计流程

公司市场企划部，与产品研究院协力开展项目前期调研，针对项目所在地的政策法规、城市风貌、楼市行情、竞品现状、客户画像等进行综合分析，协助房企精准定位购房者痛点，呈现优秀的产品设计方案。

在这样的基础之上，住宅设计能够以人为本，使用功能性基于具体人群、具体文化背景相关的定性判断，而非物理化的定量判断。在市场表现上能够符合本地客户需求，加速项目去化，形成良性业务循环。住宅产品的更新迭代能与企业发展需求同频共振，帮助企业实现品牌影响力的提升。确保设计方案的引领性、市场化、差异性、在地性、领先性、时代性。

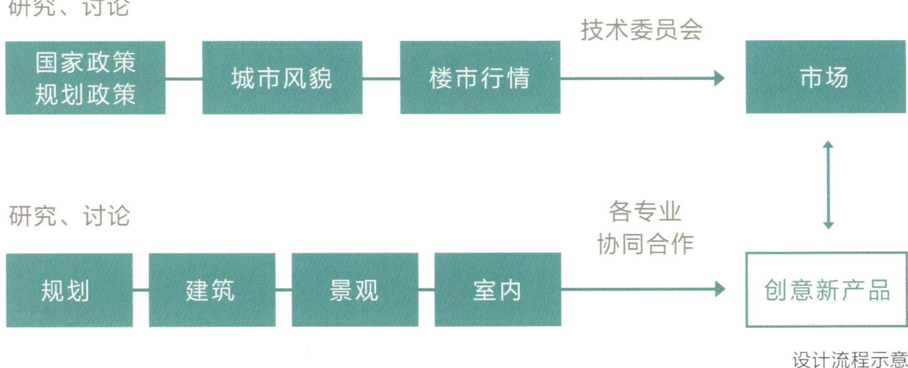

设计流程示意

- **设计保障：30余年人居建筑设计研发与实践**

基于丰富的住宅设计实践优势，方案创作院与产品研究院积极探索和研发定制化产品价值体系，如高端住宅产品价值体系研究3.0、四代住宅产品价值体系研究、二三四线城市区域型房企住宅产品设计系统性策略等，同时，开展未来住宅发展研究，保障方案设计的创新性、领先性、品质性、经济性。

- **成本优化**

关注设计方案的经济性，徐辉设计成本控制部设有地下车库指标优化小组、建筑结构构造做法优化小组、结构含钢量及含混凝土量全过程控制小组、机电管线综合BIM优化小组，结合产品的所在地区、定位，从设计方案、材料选择、图纸质量、图纸经济性、设计周期、后期服务等各方面控制成本，提升项目盈利能力。

如施工图设计成本控制：地下车库指标优化、建筑结构构造做法优化、结构含钢量及含混凝土量全过程控制、机电管线综合BIM优化等；针对不同区域、不同层级的住宅产品，选择合理的材料、工艺、性能运用，实现低成本下的高价值实现。

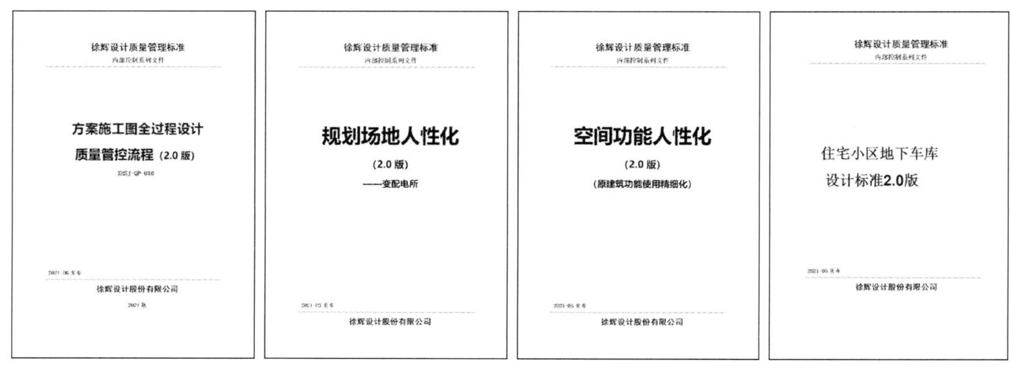

徐辉设计质量管控相关文件示意

2.2 质量体系：方案、施工图全过程设计质量管控

质量管理中心制定清晰的专业化、流程化、信息化、标准化、精细化的质量管理体系，质量目标以及中长期质量规划，采用方案与施工图全过程设计质量管控方式，确保施工工艺、选材等满足方案创意的精准落地，如精细化流程管理。建立统一全面的内部质量标准和规范，与方案设计联合建立“14大质量管控节点，25个细分节点”；四校两审流程（战略客户项目专属），支撑百余个精细化设计节点的高质量执行。

各专业总工及施工图团队提前介入，为方案的完美落地保驾护航，确保方案团队与施工图团队的无缝对接及施工图精细化设计。严格执行三校一审流程，针对重点项目实施双重校对和全员审图模式，并采用双设总负责制。建立并应用《空间功能人性化》设计案例库，在住宅产品设计方案中全面满足业主对舒适性、便捷性、人性化等方面的需求，提升产品竞争力。五大专业总工针对过程专业指导，按照各专业评定标准对最终成果进行严格把控。

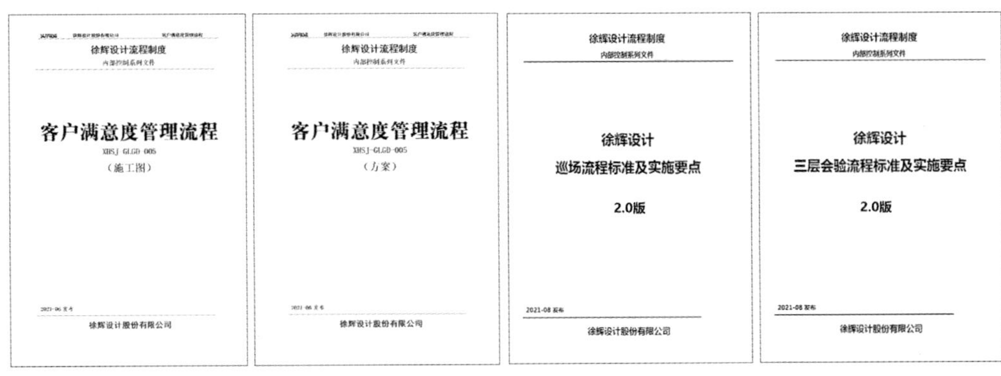

徐辉设计服务交付及服务管控相关文件示意

此外，制定完善的公司质量目标管理、质量责任化管理、质量信息管理、分析改进管理、内部审核管理等制度流程，有效支撑公司质量管理体系的运行实施。

2.3 交付体系：多专业协同下的高效准确交付

- 图纸交付服务

方案团队和施工图团队紧密配合，提前介入设计生产环节，确保方案的规划上会、报批报建、文本和施工图纸交付工作的高效完成。

施工图设计使用科学高效的协同设计平台，充分保证设计过程的效率和交付准确性；设计团队和运营管理部门紧密配合，严格根据各类标准规范要求、客户需求和内部流程进行产品的设计和管控，最大限度提高设计图纸的精细化水平，杜绝错漏碰缺等问题，为方案的完美落地提供保障。

- 现场交付服务

在项目建设的不同阶段，专业团队及专业总工主动、定期提供现场服务，形成巡场报告，有效跟进施工进度、落地效果，并形成闭环。对于合作伙伴提出的现场交付服务需求，以高标准服务给予快速响应并高效解决，确保项目按节点顺利推进。

徐辉设计项目巡检报告示意

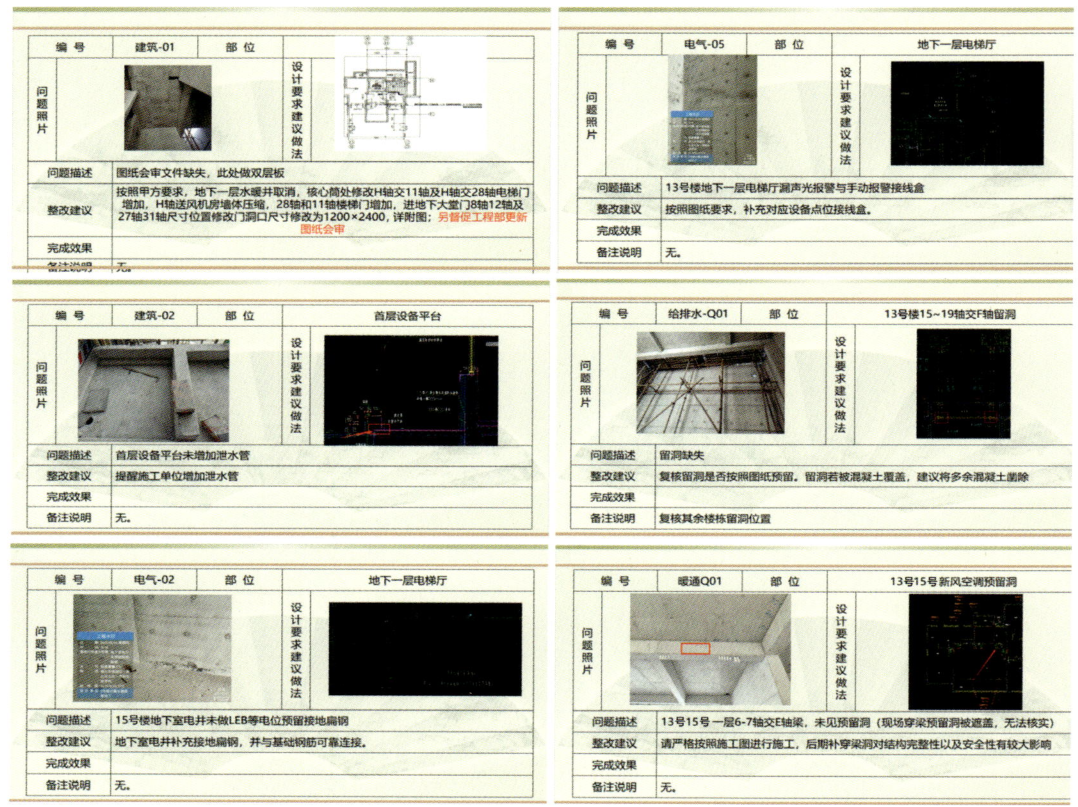

编 号	建筑-01	部 位	
问题照片		设计要求建议做法	
问题描述	图纸会审文件缺失，此处做双层板		
整改建议	按照甲方要求，地下一层水暖井取消，核心筒处修改H轴交11轴及H轴交28轴电梯门增加，H轴送风机房墙体压缩，28轴和11轴楼梯门增加，进地下大堂门8轴12轴及27轴31轴尺寸位置修改门洞口尺寸修改为1200×2400，详附图；另督促工程部更新图纸会审		
完成效果			
备注说明	无。		

编 号	电气-05	部 位	地下一层电梯厅
问题照片		设计要求建议做法	
问题描述	13号楼地下一层电梯厅漏声光报警与手动报警接线盒		
整改建议	按照图纸要求，补充对应设备点位接线盒。		
完成效果			
备注说明	无。		

编 号	建筑-02	部 位	首层设备平台
问题照片		设计要求建议做法	
问题描述	首层设备平台未增加泄水管		
整改建议	提醒施工单位增加泄水管		
完成效果			
备注说明	无。		

编 号	给排水-Q01	部 位	13号楼15~19轴交F轴留洞
问题照片		设计要求建议做法	
问题描述	留洞缺失		
整改建议	复核留洞是否按照图纸预留。留洞若被混凝土覆盖，建议将多余混凝土凿除		
完成效果			
备注说明	复核其余楼栋留洞位置		

编 号	电气-02	部 位	地下一层电梯厅
问题照片		设计要求建议做法	
问题描述	15号楼地下室电井未做LEB等电位预留接地扁钢		
整改建议	地下室电井补充接地扁钢，并与基础钢筋可靠连接。		
完成效果			
备注说明	无。		

编 号	暖通Q01	部 位	13号15号新风空调预留洞
问题照片		设计要求建议做法	
问题描述	13号15号 一层6-7轴交E轴梁，未见预留洞（现场穿梁预留洞被遮盖，无法核实）		
整改建议	请严格按照施工图进行施工，后期补穿梁洞对结构完整性以及安全性有较大影响		
完成效果			
备注说明	无。		

2.4 服务体系：全流程多节点

徐辉设计以“服务 · 专注每一个细节”为企业服务理念，公司内部制定多项制度，明确设计前、中、后不同阶段的服务要求。包括前期客户需求的识别评审、方案的规划上会、报批报建的配合、定期的现场服务和及时的现场专业技术支持，以及后期全面的验收服务等，各专业协同提升服务力和客户满意度等。

以《客户满意度管理流程》《项目后期服务管理流程》等制度，及时收集合作方的评价、建议、需求，并进行内部考核及复盘，以保证公司设计水平、质量管控、服务体系围绕客户需求不断进行完善和提升。配合合作方各营销节点，以媒体推广、展会宣讲等多平台多形式，对合作项目进行营销推广，助力合作企业品牌提升。

好设计 好房子 好生活

第五章

高品质住宅设计系统性研究

经过数十年的增量式发展，我国集合住宅的产品比拼已进入深水区，居民对于住宅的需求正从单一的功能性，转向美学、舒适度和个性化。未来，从市场竞争角度，要在白热化的住宅产品市场突围，势必要突破同质化竞争瓶颈，不断研磨产品定制化的颗粒度；从生活需求角度，依旧可以将高品质住宅打造手法进行归纳梳理，形成参考标准及实施体系。

在以人为本、生活导向的基本原则之上，徐辉设计结合多年来的高品质住宅设计实践经验，创新构建融入市场化导向的高品质住宅设计体系。该体系围绕六大价值感知维度、十六大模块展开，在追求提供高品质生活场所的同时，注重资本投入的价值反馈最大化，通过强化住宅产品的价值显性化表达，提高产品价值的可感知性，促进开发企业获取市场认可度与销售转化，激发开发企业打造高品质住宅的内生动力，推动住宅品质升级进入自发性的良性发展轨道。

六大价值感知维度、十六大模块

秩序感知：空间规划、归家系统

服务感知：社区服务、多元配套

品质感知：户型设计、室内装饰、精工建造、形象价值

智慧感知：智慧社区、智慧人居、生态健康

美学感知：建筑立面造型、造园艺术、空间艺术

人文感知：地域特色、人文共情

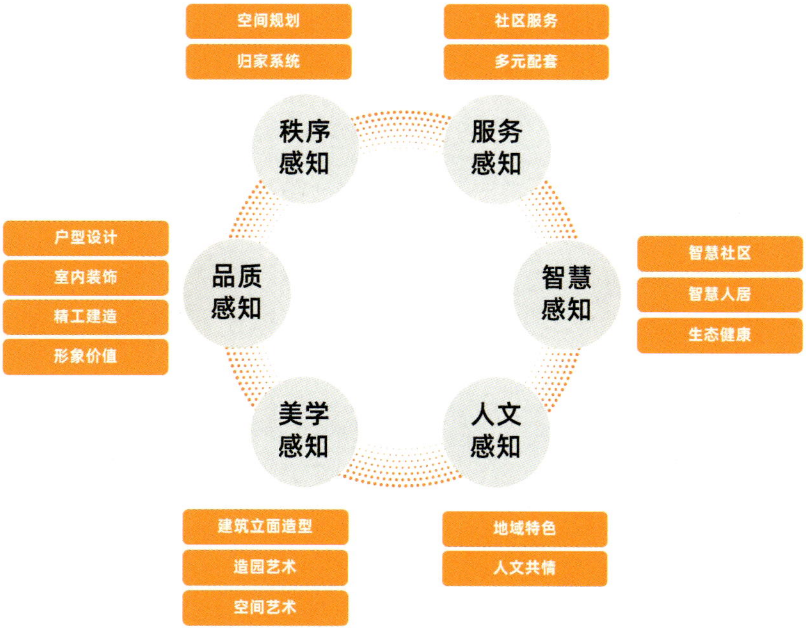

一、秩序感知

1. 空间规划

1.1 基于城市肌理与用地条件，科学合理规划空间

保护城市空间形态的完整性。采用“W”形或“V”形楼宇序列，形成灵动流畅的社区空间。点板结合，大楼间距，保证宜人的高层及多层住宅的主要居室与相邻建筑窗户间的直视距离以及不同住户对视距离。

1.2 2个以上社区出入口

按社区规模，设置合理的出口数量（一般情况下两个以上），结合住区配套、城市道路、城市配套、交通站点等要素综合考虑，位置主次得当。

1.3 多重分级礼序空间

可通过主轴或多轴空间串联社区入口昭示区（缓冲空间）、中央会客区、邻里共享核心区、主次共享花园、单元入口过渡花园等节点，对空间层级进行递进式组织。

1.4 社区空间三维渗透

宜采取组团式布局，组团内结合景观设计，营造尺度宜人的邻里交往空间。合理开发地下空间，使地上、地下空间垂直贯通，室内、室外空间渗透延伸。

1.5 住区与配套布置

住区和公共配套设施按功能性合理集中布置，并根据住户需求，形成完善、集约的社区空间。非机动车基础设施宜集中布置于地下，减少对景观及人流动线的不利影响。

2. 礼序归家系统

2.1 超长尺度沿街主出入口展示界面，营造形象价值

设计结合规划理念，需与城市界面融合，并保持建筑、景观界面连续，风格统一。

- **尺度控制：**

沿街界面连续长度≥80m，采用干挂石材或金属复合幕墙系统，强化主入口的形象价值，塑造品牌昭示界面。

- **界面形象：**

轴线对称式：营造中正、沉稳、尊贵的建筑气质；

现代非对称构成：营造活力、先锋、青春的建筑气质。

2.2 主入口落客前场

社区归家大堂前设置酒店式落客前场，规划五大流线：

- 人行归家流线
- 机动车落客流线
- 机动车归家流线
- 非机动车归家流线
- 便民服务流线

设计18m×18m高端舒适落客区，便于业主私家车临时停靠。同时设置缓冲空间，进深不小于10m，占地面积不小于200m^2，预留访客车位、快递、搬家及急救车位等，便于社会公共车辆停靠，落客区与归家车辆流线互不干扰。

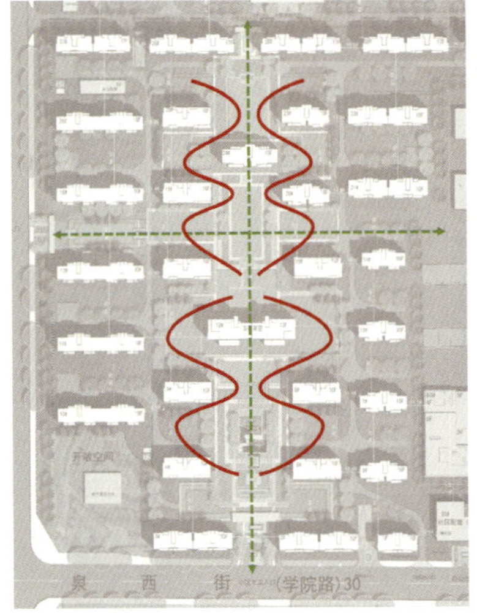

“W”形或“V”形灵动的楼宇序列

分级礼序空间1

分级礼序空间2

沿街展示面超长尺度

2.3 社区归家大堂

归家大堂前规划人行归家动线，与机动车停靠流线互不干扰。可设计为独立人行归家大堂，或入口大堂与车行入口一体化。归家大堂作为业主归家与外出的交接空间，以及接待访客的“第一客厅”，设计需兼具功能性、昭示性、美学性。

2.4 社区会所

设置地上或地下社区会所，通达地下车库、地上人流动线、风雨连廊等区域。

2.5 地上归家系统

- 快速归家动线：

规划地上人行便捷归家动线，与社区归家大堂或地上会所相连。

- 沉浸式归家动线：

社区景观三级渗透，人行归家动线结合风雨连廊，经由核心景观、组团景观及单元入口景观多级景观空间，增加主题水景、休闲座椅、阅读空间、茶吧等功能节点，步移景异，丰富行进体验，提高归家仪式感。

社区空间三维渗透1

十字主轴空间

社区空间三维渗透2

风雨连廊结合景观及建筑风格单层设置，有顶盖、两侧均无围护结构、顶盖宽度不宜超过3.9m，保障社区空间的一致性和通透感。

2.6 单元门厅

从电梯厅起由内至外规划“礼仪厅”“风雨廊”“邻里院”等空间，串联私密性较强的单元楼内与公共户外空间；也可采用泛会所入户方式，加强入户单元门厅功能性、社交性。

2.7 其他流线规划

- **便民服务流线：**

智能快递柜及大件物流存取室对外衔接外部服务人员，对内通达业主人行和车行流线，实现便捷且无接触的双向互通。

- **非机动车流线：**

合理规划的非机动车流线，除地上通道外，也可在机动车出入口设置专属坡道或垂直电梯直达地库，配置人脸识别功能，减少停车刷卡程序，便于通畅出入。

- **地上、地下联通流线：**

在归家大堂或社区会所设置地下空间联通流线，便于雨雪天气业主出行、归家。

单元门厅

单元门厅

沉浸式归家动线

单元入口景观

地库坡道阵列式灯带

地库玄关墙

地库光线明亮，引导标识简洁、清晰、易读

阳光地下光厅

2.8 地下归家系统

• 合理设置机动车、非机动车、人行地下归家动线，确保光线明亮、引导标识清晰易读，减少动线交叉，确保安全性；

• 精装地库出入口；

• 精装机动车坡道，坡度不大于15%，净宽不小于1.8m。采取有效的防滑与降噪措施，设置阵列式灯带，光影跟随车行动线变化，提高沉浸式归家体验；

地下入户大堂

地下归家电梯厅

- 精装地下入户前厅、地下入户大堂、电梯厅设计，提高归家礼序；
- 地下车库设置下沉庭院、采光井或导光管等措施提升地下车库品质；
- 设置地下物业服务中心，集中布置快递驿站、外卖暂存、洗车洗衣等功能空间；
- 设置无障碍停车位，并邻近单元无障碍电梯，从停车位到入户的归家动线满足无障碍通行要求。

二、品质感知

1. 户型设计

1.1 灵活性、适变性

户型设计更加关注现代家庭关系在不同阶段的演变，满足家庭成员的动态需求，通过合理的空间设计促进家庭关系。

1.2 基础空间

入户前厅、仪式玄关、LDKB+X空间、主卧套房、多孩房、客房、全分离式卫浴体系、家政动线、体系化收纳空间等。动静分区，并设置洄游动线，提高空间使用效率。

- 入户玄关：

使用面积应不小于3.0m^2（不含玄关柜），并为安全监控等预留点位。通行净宽应不小于1.2m，进深不小于1.5m，并能满足搬运大型家具的需要。

- LDKB+X空间：

社交客厅、多样餐厨、多功能阳台与可变空间共同构成家庭共享中心，视觉上提高空间通透感，适配多样化的家庭生活场景。

- 餐厨空间：

使用面积与套型建筑面积相匹配，宜大于5m^2；

操作台总长度不宜小于3.0m，台前操作空间不小于1.0m；

排油烟机、吊柜等安装位置不影响自然通风和直接采光，内开窗不影响洗涤池水龙头的安装和操作台的使用；

预留大件厨电用品位置。

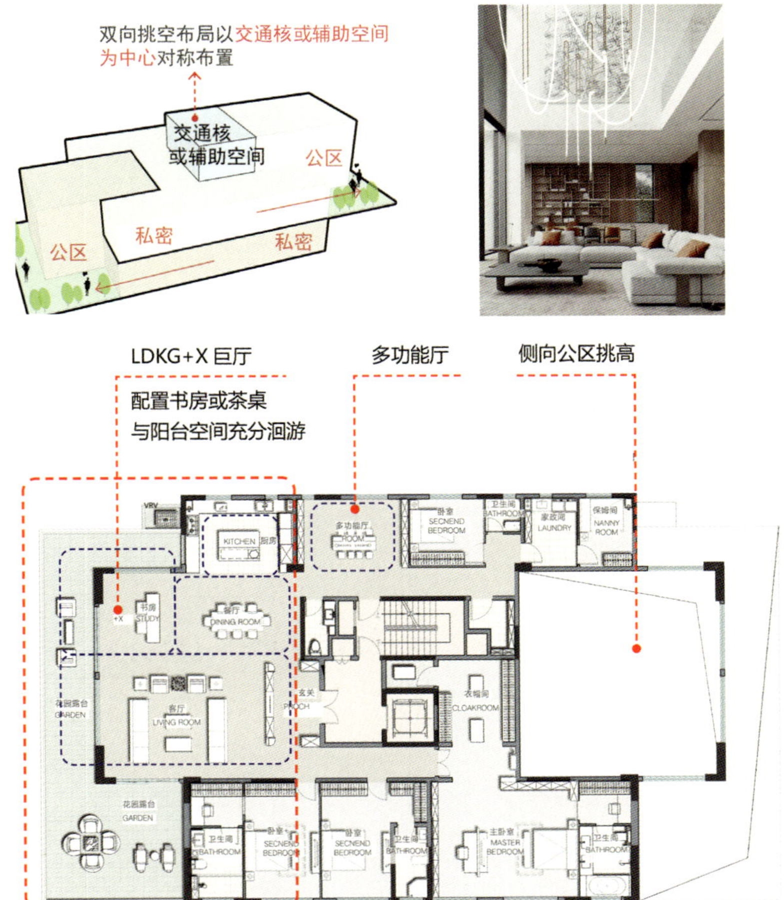

挑高空间：LDKB/G+X巨厅

• 卫浴空间：

使用面积与套型建筑面积相匹配，不宜小于4m²，门洞尺寸不宜小于0.85m×2.20m；采用干湿分离式布置。

对于高标准的高端住宅产品可选配：弹性巨厅、全景玻璃幕墙、挑高空间、生态绿廊、专属艺术空间、私密储藏间、多套房、室内或室外天际泳池、空中花园、观景电梯等。

2. 室内装饰

2.1 入户前厅和外玄关

收纳空间：鞋柜、临时储物区、衣物悬挂区、垃圾收纳区等；

入户挂钩，方便临时释放双手；

设置人体感应灯；

设置前厅监控设施。

2.2 玄关

温、光、湿、净一键总开关；

可视对讲门铃、紧急呼叫按钮；

鞋柜、换鞋凳、挂衣区、置物台、分隔落尘区、次净储物区；

合理位置预留插座，设置挂钩挂件；

外置沥水架、内置雨伞架；

柜体内置灯带，设置人体感应照明；

预留鞋柜通风口，等等。

2.3 厨房

燃气具设有意外熄火安全装置；

地柜深度宜为500~600mm，高度宜为800~850mm。吊柜深度宜为300~450mm，吊柜底面距离地面距离宜为1.4~1.6m；

柜底抬高设计，避免脚尖碰撞台下柜；

选配吊柜升降拉篮；

← 厨房设计示意 → 2022年玄关人性化设计相关词云图

操作台檐口做防滴水设计，台面贴墙采取后挡水处理，洗涤池设置防溢水功能，水槽下方柜板做防潮措施；

配置垃圾处理器及净水系统；

结合烹饪习惯合理安排功能动线；

收纳空间依附操作动线合理布置、分区收纳，预留小家电插座；

采用面光照明；

合理的插座预留，如墙装带开关插座、轨道插座、可升降插座等；

抽拉式龙头；

抽拉式坐柜，满足老幼需求；

厨房凉霸设置，提高夏天厨房舒适度。

2.4 卫生间

防雾面镜；

合理设置镜面柜子、壁龛等收纳系统；

收纳柜内或其他合适位置预留剃须、电动牙刷等充电口，外部预留电吹风插座；

洗手台台面挡水条设计；

便器、淋浴和浴缸旁应设扶手，或预留安装条件；

以老年人为主要使用者的卫生间，设置紧急呼救设施或安全报警装置；

预留智能马桶插座；

地面防滑等级不低于现行行业标准规定的Ad级和Aw级；

吊顶、浴缸、排水立管等部位设置检修口，位置应便于操作。

2.5 多重收纳系统

玄关收纳，过道收纳，阳台收纳，厨房收纳，卫浴收纳，衣柜收纳，飘窗收纳，书柜收纳等。

3. 精工建造

3.1 精细化设计

- **立面设计精细化：**

建筑底部进行重点设计，与周边环境、景观铺面良好衔接，强调细节变化，突出建筑品质感（不宜使用涂料、真石漆）；

建筑外墙采用质感涂料、真石漆、石材、陶板、金属板等富有质感且耐久性强的材料，优先使用带有自清洁功能的外墙材料；

组织好立面分格、材料交接设计，铝板、石材立面精工分缝，充分体现材料质感；

建筑立面上裸露的雨水管、空调管等各类管线应与建筑立面风格协调，并通过设计手法做到有效遮挡；

外墙立面虚实比例协调，着重考虑空调机位的隐藏处理和维修便捷，空调机位的设置要结合立面风格统一考虑；

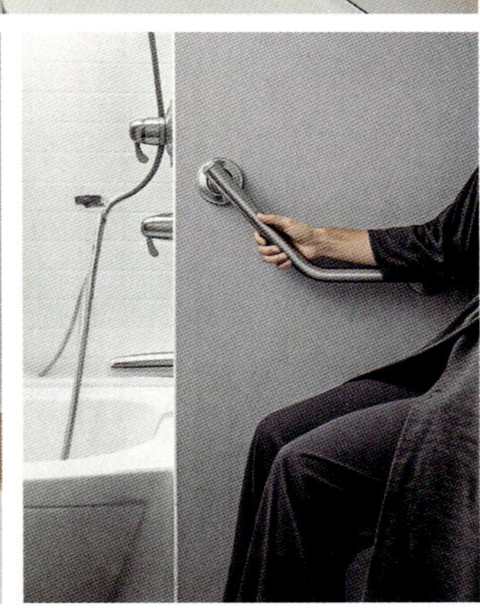

↑ 卫浴空间设计示意　　↓ 八重收纳体系示意

雨篷、阳台、栏杆、台阶、坡道等，在满足使用功能的前提下，其风格、形式、色彩、比例等应与建筑物的立面整体相协调；

阳台扶手在确保安全的前提下隐形设计；

建筑外窗形式和分格应综合考虑立面风格、视野和型材等因素，避免划分琐碎。

• **公区设计精细化：**

隐形地漏、取水阀和雨水口、井盖设计；

台阶隐形灯带、路面隐形照明、景观节点氛围灯设计；

花池灯箱、草坪灯、路灯等公区照明风格一体化；

垃圾回收点美化；

铺装组合形式美观、层次感强，与台阶、植被等边界衔接自然；

地下车库坡道等下沉空间入口设置截水措施；

指引标识简洁清晰、精致美观。

3.2 精细化施工

• **公区：**

建筑材料（如地面铺装等）线条和图案衔接精准；

外墙保温材料、室外设备、门帘、雨篷等非结构构件加强防坠落措施，墙体悬挂重物部位应采用结构加强措施保证悬挂安全。

• **户内：**

设备检修口隐形、便于操作；

户门内外无高差，不设置门槛；

户内预留新风口及设备洞；

精细化施工示意

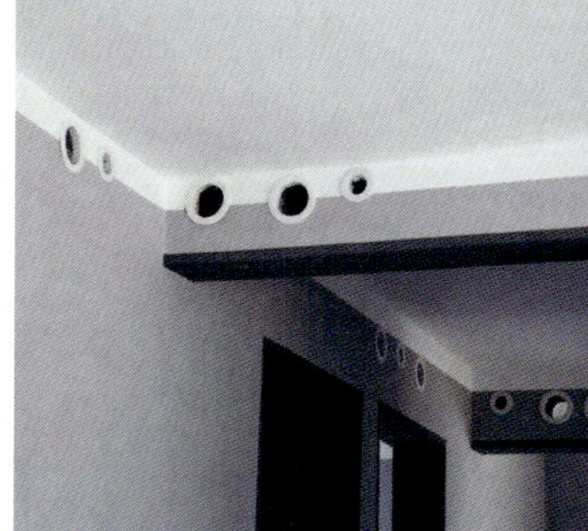

精细化施工示意

自带新风系统的，新风出口处和排风入口处设置消声装置及软连接，管道上设置消声器或消声弯头；

墙面、天花板防裂措施；

门、窗框与外墙间连接处采取有效的密封和防水措施；

阳台采取防水、排水措施，设置合理排水坡度，落水口周边留槽，嵌填密封材料；

卫浴间和厨房地面设置防水层，淋浴区墙面防水层高度不小于2m，洗脸池处墙面防水层高度不应小于1.2m，其他墙面防水层高度不小于0.3m；

卫浴间未做防水层的墙面与顶棚应设置防潮层；

住宅入口形象价值示意

地面设有地漏时，设排水坡度。

4. 形象价值

社区主出入口空间作为面向城市的第一界面，也是展现小区整体风格与品牌气质的“封面”。主入口建筑设计应具有昭示性、强仪式感，同时与在地文化、周边环境、城市界面相呼应，直观传达小区的格调。

具有创新性的定制化建筑立面设计，采用具有差异化、标志性的建筑语言，彰显小区的独特性，为业主提供具有优越性的情绪价值。

三、美学感知

1. 建筑立面造型

建筑立面作为建筑的形象展示界面，需通过多维设计手法构建沉浸式美学感知。避免跟风式建筑设计，立面造型需具有市场化、在地性，以及适当的领先性、时代性、艺术性。

1.1 材质与质感

• 天然材料的温度传递，如石材（如花岗石火烧板等）、木材等自然材质可强化立面触觉与视觉亲和力。

• 现代材质的科技感表达，如大面积玻璃幕墙与金属铝板的应用，通过反射与通透性，能够营造轻盈时尚的视觉张力。

• 复合材质的层次构建，如通过钢铁、混凝土与玻璃的混搭形成工业美学与现代感的碰撞，可增强立面的立体感与艺术性。

1.2 线条与形态

直线与弧线的不同表达；

建筑节奏感与韵律感营造。

2. 造园艺术

对外借景，对内造景，注重社区整体的景观均好性；

注重景观与建筑一体化设计;

建筑立面造型示意

注重利用艺术与人文元素进行景观营造，匹配社区配套；

因地制宜，结合用地条件、气候特色进行植物的混合栽培，提高景观层次感和丰富性。

3. 空间艺术

主题空间打造多元空间感受；

开放布局与视觉延伸；

动线引导与节奏变化；

垂直空间利用；

高低、疏密、虚实等要素结合，抑扬有致的界面艺术转化；

光影叙事体系，等等。

金沙东院社区空间实景

四、服务感知

1. 社区服务

1.1 基础服务

24小时安保、维保服务，全面、及时的环保、绿保服务。

1.2 生活服务

24小时管家式物业服务；

洗衣、洗车、家政服务；

快递代发代收、访客接待、绿植代管、宠物代管、空屋管理、票务代订等；

学龄前及学龄儿童托育、托管服务。

1.3 睦邻活动

社区文化活动、节日节气主题活动、社群搭建及社群活动组织；

四点半学堂、寒暑假青少年主题活动等。

1.4 健康服务

特殊业主健康档案、药箱管理；

社区急救箱（包）、自动体外除颤器、医疗箱等设备；

掌握急救技能的物业服务人员。

1.5 会所服务

社区大堂专属礼宾接待，特色水吧等。

社区会所示意

2. 多元配套

2.1 多会所模式

社区大堂会所、下沉式会所、架空层泛会所、单元入户泛会所、云端会所等多会所模式，营造多元功能和社交空间。

2.2 功能配套齐全

- 生活配套：业主食堂、生活超市、洗衣中心、洗车中心；
- 健身配套：室外健身器材、悦动跑道，室内高端健身会所、恒温泳池等；
- 休闲配套：书吧、咖啡厅、茶室、养生室、棋牌室等；
- 适老适幼：老年健康生活馆、儿童游乐场所；
- 健康配套：社区医疗室、老年康复区等。

根据产品层级及业主需求不同，会所还可配备私宴宴请、圈层酒廊、雪茄吧等。

社区会所示意

五、智慧感知

1. 智慧社区

1.1 安防系统

视频监控系统：AR鹰眼、天使之眼等；

异常行为检测；

高空抛物检测；

入侵报警系统；

电瓶车入梯智能检测；

火眼监控；

岗位行为检测；

AI检测等，技防、人防、物防相结合。

1.2 出入系统

人脸识别和一卡通便捷出入；

社区安防系统示意

社区出入系统示意

可视对讲系统；

机动车及非机动车无感通行；

单元门开门联动呼梯、智能梯控、室内召梯；

智能人行和车行访客出入：预约数字密码、二维码、人脸识别登记等；

访客到达提醒。

1.3 智慧服务

物业线上服务系统：App、小程序；

线上邻里集市系统；

AI+IOT智慧平台；

无线Wi-Fi覆盖；

智慧灯杆、智慧座椅；

社区智慧灯杆、智能充电、智慧座椅示意

智能背景音乐；

智能充电管理系统；

智能雾森系统等。

2. 智慧人居

全屋智慧控制检测及系统：智慧大屏显示并控制门锁、照明、湿度、暖通、新风、遮阳、家电等，并能一键查看故障原因、一键呼叫专业维修等；

安防联动；

用电、用水等能耗监测；

语音、App、触控等多维交互方式。

3. 生态健康

3.1 室内六恒科技系统

• 恒温：毛细管网智能调温，室温保持在夏季 24℃～26℃，冬季 20℃～22℃的人体舒适区间；

• 恒湿：依托大数据与智能算法的高效加湿、除湿系统；

• 恒氧：24小时新风置换系统，结合室内环境监测系统进行新风置换，让室内氧气含量稳定；

• 恒洁：新风$PM_{2.5}$过滤、净化，确保入室空气洁净，去除室内二手烟、甲醛、苯等有害物质，减少室外灰尘入室；

• 恒静：新风系统专设消音段，无风感空调；

室内“六恒”系统示意

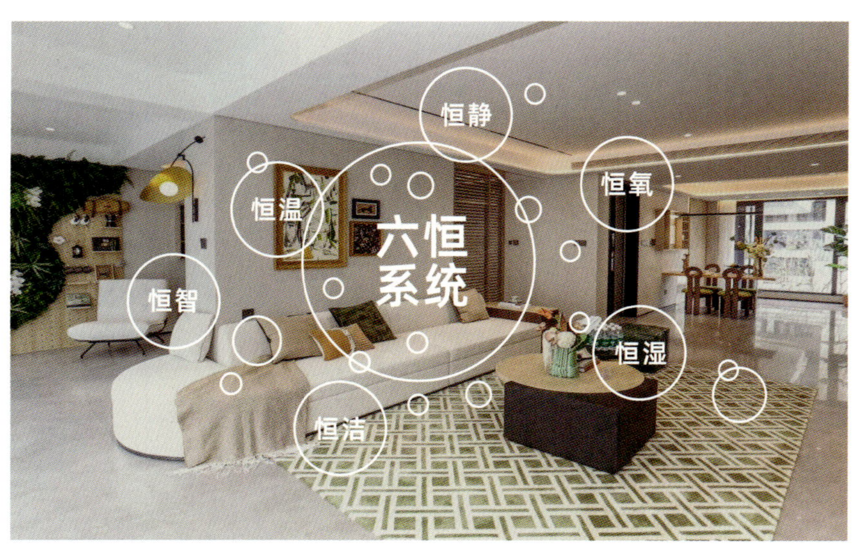

• 恒智：智能控制显示屏，场景模式一键切换，语音、App、触控等多维交互方式。

3.2 健康社区

社区水质在线监测系统：监测生活用水、直饮水、泳池用水、非传统水源的浊度、余氯、pH值、电导率等水质指标，并实时显示；

智能蚊控系统；

微型气象站；

智慧跑道；

红外体温筛查；

智能垃圾桶及垃圾回收站；

无接触通行；

无接触物品收发区域；

单元入户鞋底消毒设备；

人行和车行出入口喷雾消杀设备。

室内智能控制示意

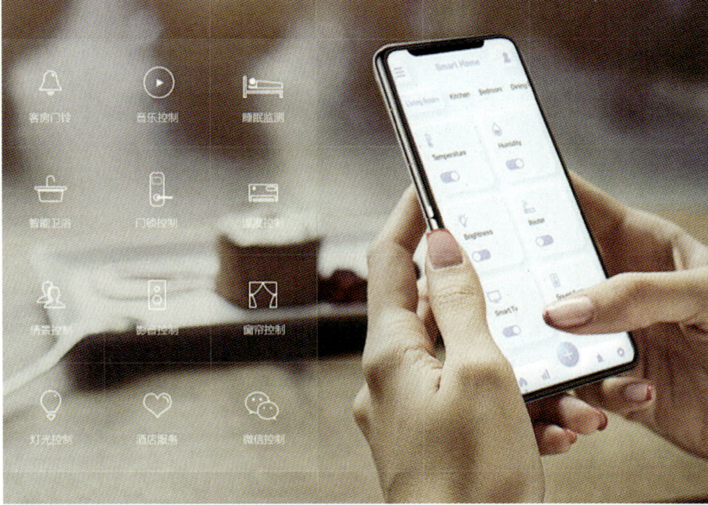

智能蚊控及雾森系统

社区背景音乐系统

智慧跑道

六、人文感知

住宅作为人居空间载体，通过空间组织与形态设计，成为协调人与环境、建筑群体秩序、社区空间与城市空间衔接的关键媒介。住宅设计需加强对地域环境、历史文化和传统民居的研究，基于所在地区的历史属性、文化属性、环境属性，塑造具有地域特征和时代风貌的建筑风格，创造符合居民社会、文化、心理需求的居住环境。

1．适于自然

通过分析项目所在基础自然环境条件，因地制宜开展设计工作，尊重原始生态环境。

2．适于城市

住宅建筑作为城市的重要构成体，设计应充分结合城市肌理、周边建筑、交通环境等环境因素，构建局部与整体之间、现在与未来之间的联系。

3．适于文化

发掘项目所在地具有使用价值和现实意义的文化元素，在尊重文化的基础上进行融合、创新，传承和激发地域文化活力。

好设计 好房子 好生活

第六章

高品质住宅设计实践

一、永威上和院

用地面积：4.7万m²

建筑面积：17.6万m²

设计时间：2016年6月

项目地点：河南 郑州

建成时间：2018年3月

河南省工程勘察设计行业奖 一等奖

河南省土木建筑科学技术奖 一等奖

项目实景

项目位于中原城市群的核心城市、中国八大古都之一的郑州，基地所在地是郑州市北龙湖片区的核心地段。该片区是郑州的高端住宅集聚区。项目主要客群以高净值人群为主，是河南乃至全国的高品质住宅标杆项目。

设计充分尊重场地文脉和客群偏好，没有直接采用流行的现代化豪宅建筑风格，而是从城市气质出发，还原中原建筑沉稳浑厚的气韵，也是城市文脉的传承与现代表达。

规划布局

永威上和院作为住宅项目，其本质是服务于人。设计将“以人为本”作为设计初衷，同时希望构建出与周边区域、与城市和历史更加契合的建筑，以期达到从建筑到生活的顺应自然、和谐共生。

建筑、空间、园林共同构成立体的生活场景。整体规划以“造园”为立意，从建筑立面、空间环境、园林景观等维度融入中原建筑礼制观念，取法传统合院的轴线序列，实现人与宅院的互生共融。

中轴对称乃国之礼序，古来有之。设计将中轴对称融于规划，从社区主入口起，以三重空间、八大主题院落，营造组团分明的合院空间，重现中原美学生活方式，为现代都市生活融入古典美感与礼仪秩序。

建筑设计与景观形成两条明确的视线主轴，以小区中央绿地为中心，贯穿南北与东西两端。其中，南北轴线上建筑采用首层架空的手法，搭配局部水景营造花园入户的体验；在建筑架空层设置社区会所，增加空间体验的

项目实景

项目实景

多元性。东西轴则串联起四个主题的合院，小区步道运用草坡及汀步铺面淡化消防扑救线路，使其融入景观的元素。

借鉴中原传统建筑的内涵与韵味，以合院为设计理念，将中式园意与现代人居生活方式相结合，构建开放、半开放以及私密的空间体系，塑造现代中式生活的理性空间。

庭院雅趣

园林设计取法中式园林意象，融合现代人居生活方式。东西贯穿景观主轴线，在南北轴线上将建筑架空，形成中央下沉庭院。组团合院四象分布，演绎独特、灵动、丰富的院落气韵和内涵。

遵循合院的设计理念，注重庭院的营造，以传统礼制打造三重院落，八个

项目实景

项目实景

宅间空间均以人的居住需求为标尺。景观设计以现代简约的手法，赋予每个院落不同的气质与表情。引入72棵老树，将其分散栽植于整个地块之中，营造真实自然的生活空间。

园区内八大主题院落——清聚、逸境、入画、逍游、花隐、涟漪、枕石、曲婉，结合中央水苑，给人带来些许禅意和美的享受。一块石、一方水、一棵树，自成境界。写仿自然，又归于自然，全维度阐述本土性、公共性、文化性、艺术性、可持续发展、和谐共生、有机统一、人文风俗，以及社会生活中的秩序。

建筑单体

立面设计以简洁、大气为主要风格，传承了中国东方人居的礼仪内涵，将传统与现代交织融合，以传统的人文情怀融入现代居住的新需求。用一块

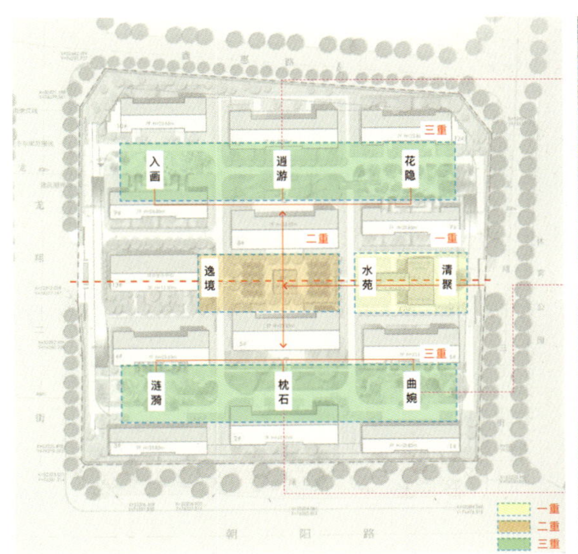

三重院落分析

主题院落实景

项目实景

块手工陶土砖，造就建筑的古朴精致，表达东方宅邸庄重肃穆的气质——出则威严庄重，中正威仪之感；入则归家有道，自成格局之势。

立面材料的选择源于传统材料的再创造，选用符合地域文化的臻材，将其作为载体，呈现出不同寻常的建筑质感。历久弥新的石材、厚重古典的黛砖、沉敛静谧的悬山屋顶……无数精致的细节共同拼凑出地域与时代跨越古今的完美对话，只为了诠释更亲土、更自然、更健康的建筑。

户型设计方面，项目12栋洋房设计13种户型，“L”形270°环幕巨厅，书房可融入宽厅、书房和卧室可合并为宽厅主卧，形成弹性居住空间。对河南气候特征充分尊重，兼顾居住功能完善性、科学性、合理性、采光性、通风性、景观性，满足品质人居需求。

精工匠筑

在项目具有昭示性的大门设计上，以16扇高5m、宽0.75m的金属大门组合而成。每扇金属大门正反两面肌理不同，一面大弧嵌套小弧形成渐变肌理，一面人工锻打铜锤纹。铜是中华文明发展历程中最早被广泛使用的金属材料，有大国利器之美韵。紫色乃是祥瑞之色，中国自古以来以“紫”为尊。一扇门的厚重典雅、气势挺拔，非紫铜不能体现，以紫铜之厚重映射中原大地的文化底蕴。气势恢宏的大门与5m高的围墙相映，还原中式高墙深院的尊崇之感。

幕墙为手工陶砖，经900℃高温烧制，呈现出一种原生、质朴、自性的传统材料的美感。每一块砖的纹理与色彩皆不可复制，这种并非千篇一律、模式化的建构，营造出仪式感以及对美的不懈追求。在项目所在地

项目实景

项目实景

域中原意蕴的感染下，工匠们精砌细筑，使建筑呈现出独一无二的厚重气质。

屋面材料采用德国进口钛锌板，亚光金属本色完全保留了金属材料天然的纹理和质感。依靠本身形成的碳酸锌保护层保护，可防止面层进一步腐蚀，无须涂漆保护，绿色环保；板材具备良好的延伸率和抗拉强度，可塑性好。

立面细节示意

手工黏土砖、石材的古朴质感，与金属、玻璃等现代材料有机结合，承载历史，融合新生。将合宜的设计、契合的材质、尖端的科技以完美的手法整合于此。以均衡协调的表象，传递出师法自然、顺势而为的生活态度；延续本土真实性的人文、社会和自然环境。

（设计合作方：李玮珉建筑师事务所）

10

二、永威上和郡

用地面积：6.5万m^2

建筑面积：15.1万m^2

设计时间：2017年4月

项目地点：河南 郑州

建成时间：2019年10月

全国优秀工程勘察设计行业奖 一等奖

河南省工程勘察设计行业奖 一等奖

REARD全球地产设计大奖 铂金奖

河南地处“天下之中”，其建筑体系与源远流长的中原文化息息相关。中原民居的建筑艺术讲究人与自然环境、形式与功能的完美结合，追求的是“人、社会、自然”和谐统一的儒家建筑思想。

永威上和郡坐落于郑州国际文化创意产业园绿博片区，贾鲁河与东风渠两条水系环伺，在这座少水的城市里，丰富的自然景观和人文资源构建出一片得天独厚的低密墅区。

项目所在地块方正，这与主流的中原传统民居形制不谋而合——承袭传统礼序的中轴对称。本案的设计就以此为基点，将中轴设计融于建筑思想，结合地域特色，使现代生活与礼仪秩序相呼应。

规划丨筑园以居

设计希望从整体的规划设计理念出发，延续本土真实的人文、社会和自然环境。中轴对称，礼仪秩序，古来有之。设计结合方正的地形，为项目植入中轴对称的理念，承袭传统礼序，让现代生活与传统礼制形成呼应。

以东方园林的对称围合艺术去适配中轴设计，在南北轴线的中心内部形成大的中心景观带，以南北向的主轴串联起大小建筑组团与景观空间，由轴到点，层层渗透，形成南北贯通、流动而完整的主轴线；在中心景观带处打造下沉庭院与廊道，营造立体多维的建筑景观感受，空间层次灵动，带来多样化的居民生活空间体验。

通过“园中苑、宅中院”打造符合现代居住习惯的私密性社区，提高居住品质。用建筑来围蔽和分隔空间，力求从视觉上突破庭院实体空间的局限

项目实景

性，使之融于自然、表现自然。点板结合，错位布置，规避视线干扰，使庭院空间流通、视觉流畅，隔而不绝，在空间上相互渗透。

风格丨删繁就简

适应自然与环境的限定是设计的出发点，也是建筑形态万千之源，让建筑融入自然，同时尊重社会生活需求，是项目风格、立面造型与选材的基准。

立面注重质感，遵循简洁的原则，以坚实沉稳的风格设计塑造质朴的建筑气质，体现中原建筑的厚重意蕴，映射中原文化的含蓄之美。

在材料的选用上，运用陶板作为住宅外立面主材。天然陶土色泽柔和，在光线照耀下更显沉静自然，细腻的细节处理让建筑呈现简约沉稳的气质，陶板相比其他外墙材料自洁性也更强，历久弥新；下沉庭院采用一次成型的清水混凝土墙，取其天然古朴、极简朴素的表观质感。

项目实景

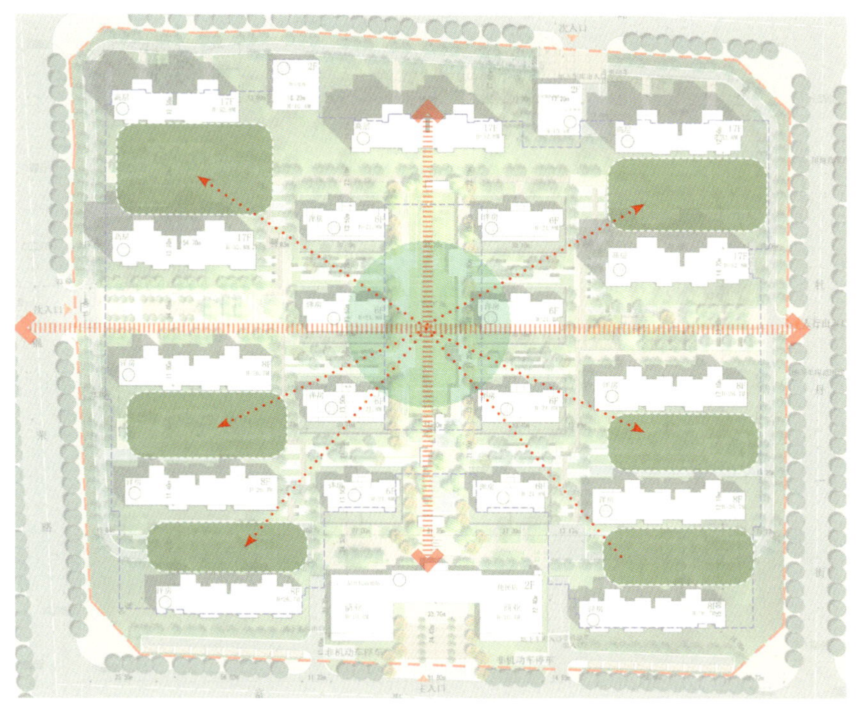

↑ 空间渗透分析图 ↓ 项目剖面示意

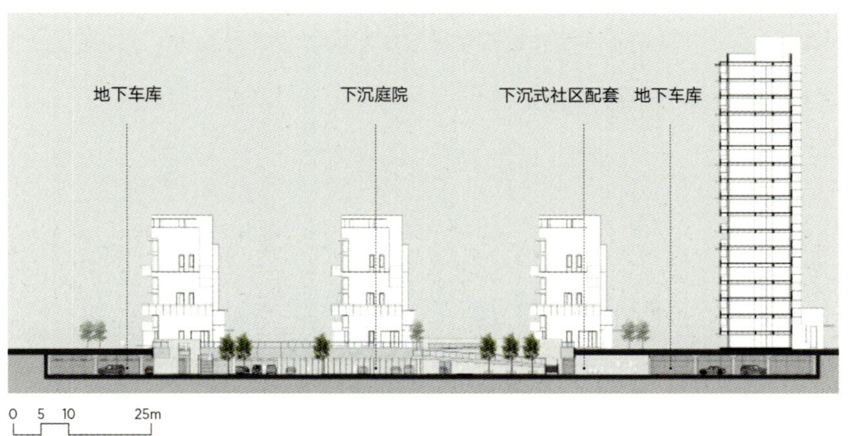

项目实景

下沉丨多维交互

在社区中心位置，打破常规的平面景观空间形成下沉式庭院，以建筑契合地势，形成高低起伏的空间变化。通过建筑自身的逻辑与场地互动，三维景观的渗透让社区空间更加多元、富于想象力。

下沉庭院之上设置可俯瞰全景的居民休憩场所和漫步长廊，下沉空间之内置入儿童游乐设施、水景休闲步道、拾光书社、健身房、林荫茶歇等模块。拾级而上，是沉静雅致闲适之所；顺阶而下，则是全龄互动的交互空间。立体式、多样化模块自然衍生邻里社交共创体系，自发性地增强邻里交往、激发社区活力。

↑ 下沉庭院效果图　↓ 下沉庭院实景

项目实景

结合下沉庭院北高南低的坡度情况，在庭院北边特别规划无障碍坡道连接上下，让居住空间更加适老、适幼。同时，下沉式设计也为地下车库带来自然的通风采光，提高建筑整体的均好性。

户型丨营于生活

户型设计尊重本土气候特征，对天然采光、通风、私密性充分关注。所有户型结合内部景观及周边环境进行定制设计，尽量加大南向采光面，设置大面宽、大宽厅等定制户型，以光与空间的极致配比提升居住舒适度。

项目实景

基于家庭生命周期的规律性和可预见性，进行全生命周期空间设计，让居民生活空间灵活多变，具备可成长性，契合不同阶段的家庭生活需求。

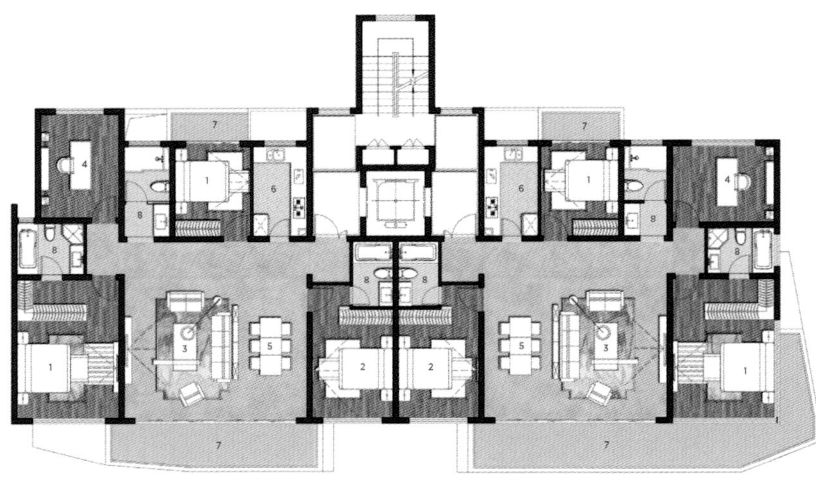

标准层户型平面图

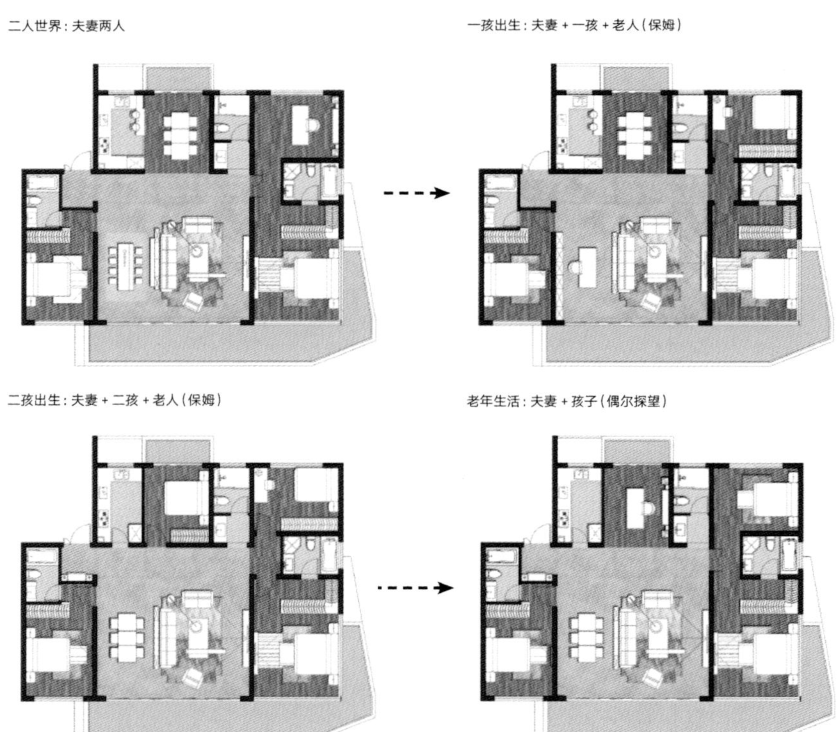

标准层户型：住宅全生命周期分析图

项目样板间实景

三、金沙东院

用地面积：4.7万m^2

建筑面积：6.8万m^2

设计时间：2021年5月

项目地点：河南 商丘

建成时间：2023年

中国房地产业协会 全国首批高品质住宅

河南省工程勘察设计行业奖 一等奖

美国缪斯（MUSE）全球设计大奖 铂金奖

CREDAWARD地建师设计大奖 金奖

REARD全球地产设计大奖 佳作奖

克而瑞全国十大高端作品

克而瑞产品力红盘

项目实景

项目位于豫东历史文化名城商丘，场地毗邻国家4A级旅游景区日月湖，同时也是商丘市的商务中心区。商丘是华夏文明和中华民族的重要发祥地之一，五千多年的历史文化光辉灿烂。春秋战国时期，儒、道、墨、名等诸家在此争鸣，中国古代四大书院之一的北宋应天书院也在这里留下浓墨重彩。

尊重自然的哲学思想、兼收并蓄的开放思维，是殷商文化历经千年积淀在这片土壤中的文化基因。立足住宅根本，以人为尺度，是本项目的设计出发点之一；让文化传承与时代语境碰撞相融，是本项目的设计出发点之二。

写意 | 东方韵味

设计是为了城市、社会、人和公共环境，以人为本的住宅设计在确保宜居的同时，也需要适于场所、适于文化。设计并未堆砌传统建筑元素，而是

项目实景

项目实景

以现代设计手法、融合的意境以及情境交织的审美逻辑回应城市基因，让场地本身所蕴含的文化与建筑产生联结。

项目基地北侧与东侧均有较好的景观资源，可塑性较强。整体规划结合西侧高层建筑群，以多层建筑布置形成由西向东逐级降低的城市天际线，也将东侧包河景观最大限度地引入景观视野。

规划设计融入东方建筑独有的礼序与仪式感，无墙不成院，无围合不藏气。墙体确定院子的范围，区隔内外，使院落具有很强私密性。小区入口的围合院落空间传达外严内逸、高墙深院的尊贵意蕴。

踱步走过抄手游廊，豁然开朗的住宅界面和多义景观空间形成鲜明反差，将先抑后扬的中式居住理念通过空间感受植入人心。住宅楼宇则通过错位布置营造出疏密有致的灵动空间，形成三级景观渗透和超大视距，以提升居住舒适度。

项目实景

项目实景

中心景观区设计为下沉庭院，与地下车库相连，尺度宜人。从地面到地下，从室内到室外，具有流动性的三维空间渗透更加多元、多变、多义。下沉空间为叠山理水的景观设计提供了更多可能：半山半水、半屋半廊，凌空于下沉庭院的拱桥游廊，通过高低、疏密、虚实等要素组合，尽显多视觉、多维度的空间美。人景交互体验朦胧、含蓄，实现抑扬有致的界面艺术转换。同时，也巧妙地消隐了空间意义上有形的“界”，使室内外之间形成一种含蓄隽永的连续性。

建筑 | 时代共生

立面造型采用理性、极简的设计风格，精致纤细的建筑线条塑造出具有先进性和引领性的建筑界面。极简立面对精细度要求更高，线条、收头、分缝等精致的细节赋予建筑独有的风格。弃繁从简的设计突破传统住宅窗墙比的桎梏，大面积玻璃幕墙和亚光银灰色铝板的搭配提升了建筑整体的通

项目实景

项目实景

项目实景

透度，刻意地削弱、消隐了建筑与环境景观的割裂感；同时，让建筑的视觉效果更加轻盈、流畅。玻璃通透，金属辉映，镜体为墙，光影为窗，循光谧境，斑驳共生。

双层挑高空中庭院采用有粘结预应力技术，有效控制了梁的裂缝和挠度，提升了建筑外观及居住体验的通透性。阳台梁外包玻璃栏板，用750mm梁高实现了6.5m的阳台无柱悬挑，增加了造型结合设计的标准化节点，玻璃栏板内以深色涂装，玻璃栏板下以浅色铝板和精工线条镶边，通过不同色彩、材料、工艺的运用，保证横向线条贯通，让外立面横线条精致纤细的视觉效果得以延续，整个项目的立面风格得到统一。

以屋顶设计为点睛之笔，运用写意的手法设计具有中式韵味的“坡屋顶”。神韵的外化遵循“情境”逻辑，于潜移默化之中平衡建筑的时代性与生活性，实现当代建筑与历史、人文的共生关系。

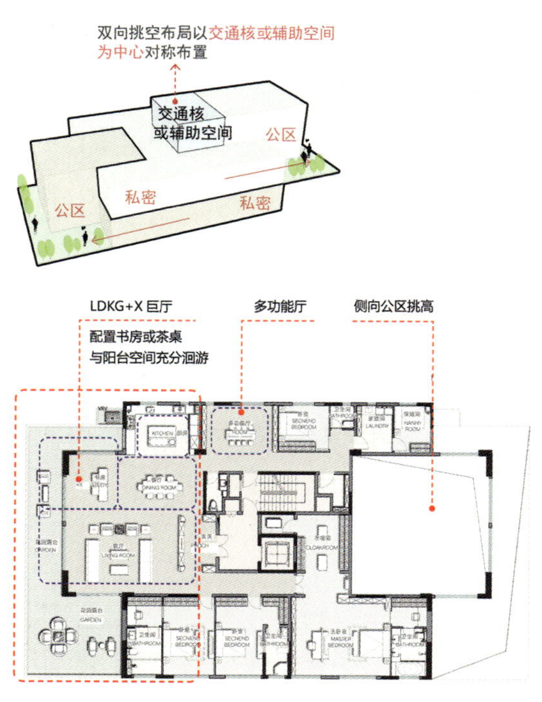

挑高空间：LDKG+X巨厅

聚焦 | 适于生活

住宅以人为核心，好的住宅设计适于生活，甚至引领生活。

在室外，多义立体的空间营造出有趣、多元的社交场所。下沉式庭院会所兼具业主日常休闲社交场所的功能，承载书吧、健身、瑜伽、四点半学堂等多样化场景，为业主搭建出朝气洋溢的理想生活体系。

在室内，项目户型设计进行了大胆创新，突破常规阳台的空间尺度，设置了双层挑高空中庭院，无柱悬挑6.5m，覆土40cm。近90m^{2}的开放式客餐厅搭配6.6m超高挑空，朗阔开间及落地窗设计延续建筑立面风格，同时将无边界的视觉效果延伸至室内，打造通透感十足的居住体验。采用LDKG+1/X一体化设计（即客厅、餐厅、厨房、露台+适变空间），社交客厅、多样餐厨、多功能阳台与可变空间共同构成家庭共享中心，适配多样化的家庭生活场景，提高居住空间适变性。以人为尺度，聚焦居家的精神需求。

本设计关注的是人的生活需求与地域情感，没有固守于建筑形制的“适性”；而是以设计营造一种新的精神联结，以此来回应地域文化、地域精神；以新生致敬传统，让建筑适于时代、适于本土、适于生活。

项目实景

四、金沙天悦

用地面积：4.8万m^2

建筑面积：18.7万m^2

设计时间：2021年5月

项目地点：河南 商丘

建成时间：2024年

河南省工程勘察设计行业奖 一等奖

法国设计奖 铂金奖

克而瑞河南省三大轻奢美宅作品

金沙天悦项目位于河南省商丘市日月湖板块，金沙东院项目西侧。规划为80m高层，故建筑设计需结合建筑高度、城市界面整体考虑。

基于对外借景、对内造景的原则，规划结合项目基地北侧与东侧的景观资源优势，最大程度利用城市景观资源，将城市绿地和东侧包河景观引入住宅视野。同时，与周边项目结合，塑造高低起伏的城市天际线和错落有致的建筑轮廓线。

在项目中心位置规划下沉式庭院会所，形成从地面到地下的空间层次渗透，立体的活动空间更加多元、多变，可塑性强。从社区大门、入口景观到下沉庭院，形成层层递进的游览体验。下沉庭院设置物业服务、会客洽谈、咖啡厅、健身房、儿童娱乐室等社区服务，同时与地下车库相连，提升居民的居住体验。

城市景观引入分析

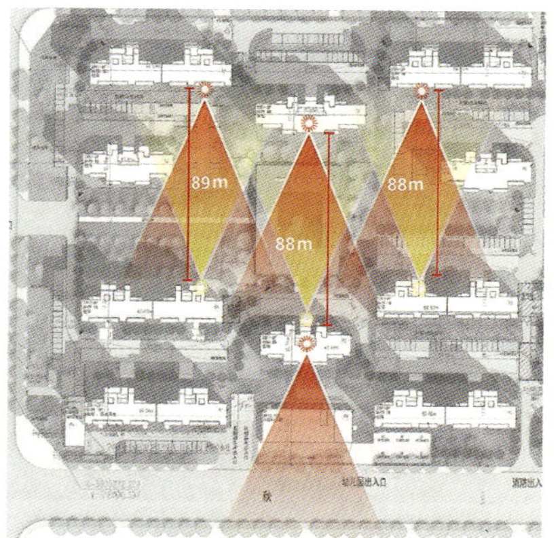

三级景观渗透

高层楼宇间通过错位营造出灵动空间，以下沉庭院为核心，形成三级景观渗透和超大视距。

户型设计结合高层景观视野，设计为多面宽超大尺度南向布局，将景观优势极大化展现，提高户型的价值点和竞争力。在立面设计上与金沙东院形成呼应，突破传统窗框比的桎梏，以现代极简立面，表达项目的高端格调，演绎了无边界的建筑艺术。

精致纤细的横线条虚实对比，极简线条、超扁平美学“消隐”立面，简约纯粹。超大玻璃窗增强了建筑内的采光、舒适度。哑光银灰色铝板和Low-E玻璃的应用在提升建筑整体品位的同时，其细腻的质感也让建筑的视觉效果更加轻盈、流畅，削弱建筑体量感，消弭建筑边际，让无边界的美丽自然景观融入天幕，产生视觉美学冲击。

宽厅设计，超尺度面宽

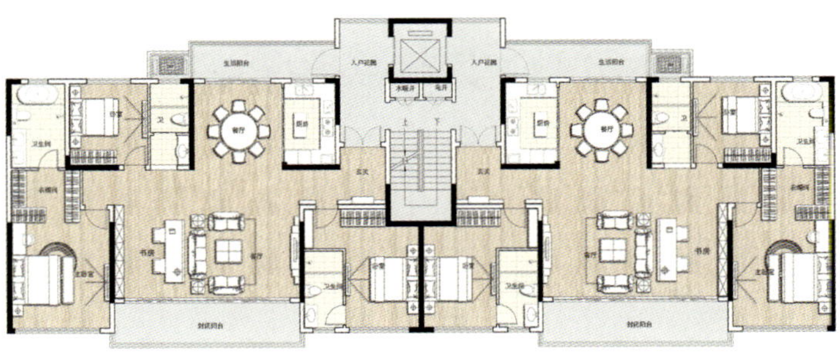

项目实景

项目实景

项目实景

项目实景

五、金沙壹号院

用地面积：4.8万m^2

建筑面积：14万m^2

设计时间：2022年1月

项目地点：河南 商丘

建成时间：2024年

河南省工程勘察设计行业奖 一等奖

河南省土木建筑科学技术奖 一等奖

法国设计奖 铂金奖

项目实景

项目位于河南省商丘市，坐落于4A级旅游景区日月湖畔，周边有文化艺术中心、市民中心、会展中心、日月湖CBD等配套，区位得天独厚，奠定了项目高端的定位和城市人居产品革新的气质，是集城市景观、销售展示、生活艺术三重一体的功能界面。

如何呼应区位优势、营造群体建筑整体的艺术美学、让产品赋予城市更多的意义，是项目设计考虑的重点。

项目效果图

项目实景

无界的曲面艺术

建筑立面中的直线元素随处可见，而曲线的运用则少之又少。近水而栖，自然赋予项目独特的艺术基因。立面设计摒弃棱角分明或繁复古典的设计风格，从项目特质、城市界面、人居格调出发，选择用曲线呼应日月湖资源的珍稀和灵动柔和的艺术美感。

在基地西侧，用极简手法和曲线艺术营造极具美感的生活艺术馆，形体设计灵感源于流体曲面美学，运用曲线的建构语言，赋予建筑更多元的外在表达。几何流线的韵律感，仿佛与周边湖面的微澜起伏共舞。

通过钴白色铝板与大面积玻璃幕墙的结合，去除繁复的材料和线条堆砌，以极简的造型语言勾勒出清晰的体块关系，使得建筑更加轻盈通透，形成独属于该项目的符号特征。生活艺术馆既承载人们归家生活的仪式感，又成为与湖泊景观相映的昭示性城市界面。

项目实景

在项目高层立面设计上，以曲线为“引”。曲线在透视上拥有比直线更丰富的空间变化，这样的设计在实际居住体验上，往往能给人一种向两边无限延伸的视觉感，让住户能够看到更加宽阔的景观视野，同时也用曲线打破了高层住宅随处可见方正锐利边缘的传统。

自下而上生长的线条交错、融合、延伸、无垠，最终在三维尺度上形成“超流线”，呈现出流畅而富有张力的曲线序列。建筑顶部的飘板设计让立面线条富有更多的灵性与层次，整个建筑以无限延伸的姿态舒展于天幕，艺术张力及感染力得到释放。

在用色和材料选择上，使用铝板营造低调的铝面效果，加之大面积Low-E玻璃及石材的搭配，营造出丰富而纯净的视觉序列变化。同时也能更好地反馈周边的光影变幻，映射光影的层次和肌理，营造出无限的遐想。简洁明朗的现代风格化繁为简，张扬精致与个性，让城市摆脱世俗的繁琐、复杂，多一份简单、自然。

项目实景

项目实景

生活的交互共融

规划方面，设计结合项目本身特质营造功能场景，强化与城市景观的交互关系，极大地提升人居感受。

项目出入口是连接社区与城市的过渡空间，同时也是项目形象的展示界面。设计统筹考虑出入口的交通与疏导、保护阻隔与识别功能三大功能需求，选择与生活艺术馆共同营造沉浸式氛围空间。在生活艺术馆的南北两侧设置车行出入口，与前场空间融为一体；西侧及北侧结合现有城市规划绿地设置人行出入口，充分挖掘景观优势。

为了充分利用城市景观，在基地南侧充分布置住宅单元，全方位立体化景观阳台将城市绿地和水系渗透其中，让每个居住单元空间获得极大化的多元景观面。在社区内部规划约10000m^{2}的超大尺度中心景观花园，南北楼栋约80m、东西超120m超大间距，尽享极致的景观视野；与社区外

项目实景

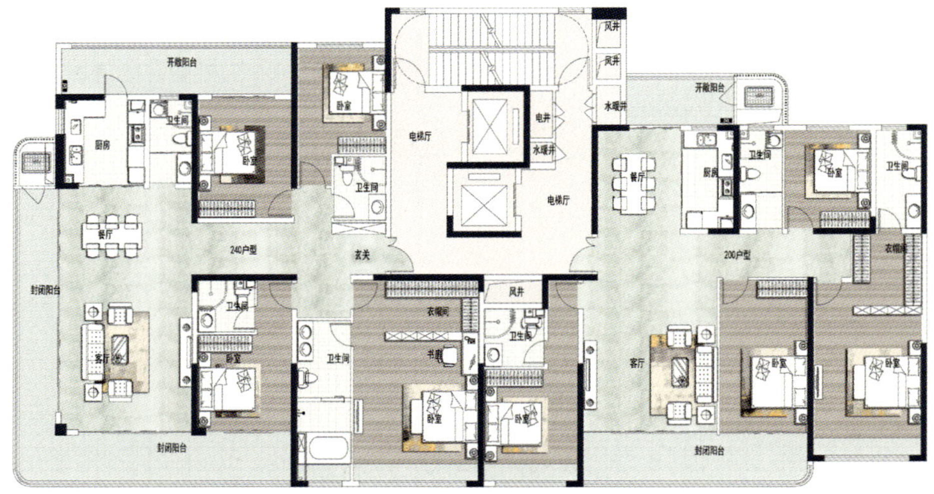

240m²户型平面

部的2000亩[①]日月湖光、约460亩城市森林公园内外呼应，实现自然、内境、人居的契合。

在产品设计上，一梯一户及私家电梯厅设计营造出居住的尊崇感；极致的大面宽——所有户型均三至四面宽朝南，保证南向采光；考虑社区景观及日月湖景观优势设计端厅户型，结合端厅设计转角阳台，270°观景，“巨幕”视野欣赏日月湖的无限风光。

以无限想象，破上限之局。金沙壹号院以城市尺度进行形体构建，以近人尺度进行空间营造。将曲线的美学、灵动与建筑自身的韵律和节奏相结合，成为商丘全新的住宅产品，不仅为当地居民创造了新的生活体验，还帮助金沙集团实现产品的迭新和品牌的跨越升级。

---

① 1亩≈666.67m²。

同时，在建筑本体之外注重群体之间的关系，建筑手法、语言协调有序，形成良性映射。淡化建筑与自然的边界，延展城市肌理并与之完美融合，达到整体格局上浑然天成的“艺术美”，重塑城市、湖光、生活、建筑与人之间的关系。

项目实景

六、金沙壹号院 · 水之院子

（夏邑）

用地面积：8.8万m^2

建筑面积：19万m^2

设计时间：2021年10月

项目地点：河南 商丘夏邑

项目状态：建设中

河南省土木建筑科学技术奖 一等奖

项目位于河南省商丘市夏邑县，设计立足当地居民居住习惯和新生活趋势，将塑造产品特色、赋能居住价值、提升项目溢价作为项目重点。

美学之上 生活至上

社区规划为“两轴一心多苑”，楼宇分布疏密有致，营造空间的灵动感和景观视野的均好性。以南向主入口为起点，一纵一横打造两条景观空间序列轴，中心景观结合景观空间序列轴、楼宇之间的景观组团，形成景观空间层次的三级渗透。

从社区入口起，规划“礼序门庭、禅石生景、展画入园、怡然归苑”四重空间，不同景观空间的切换让归家之路层层递进，营造社区归家动线的秩序感和仪式感。结合中央景观与邻里社交空间体系，打造中心花园及多层次的活动空间，强调开放与私密共享的人性化居住体验。

空间分析示意

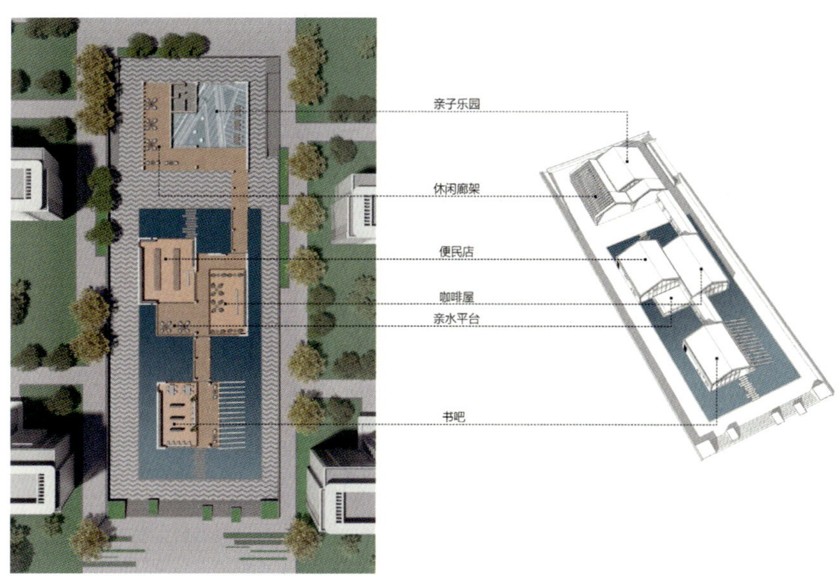

项目实景

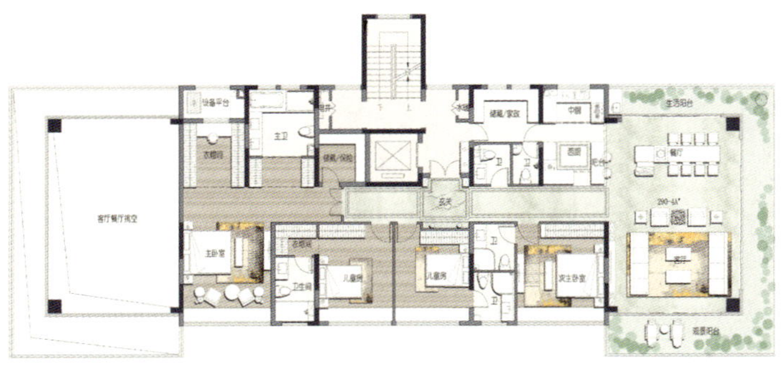

洋房290m²奇数层

项目规划及户型平面设计充分结合当地居民需求，以设计生活为出发点，规避了当地市场常规的T3（一梯三户）和高层为主的设计。将9~11层的洋房占比提高至58%，高层占比42%且全部为T2（一梯两户）产品、四面宽户型设计，极大地提高了项目整体的居住舒适度和市场竞争力。

户型布局南北通透，景观视野南北贯穿，最大化利用自然采光、通风，舒适节能。洋房户型巨厅设计营造超大家庭互动和社交空间，两层挑高大厅和超大尺度宽景阳台升维居住体验。

项目实景

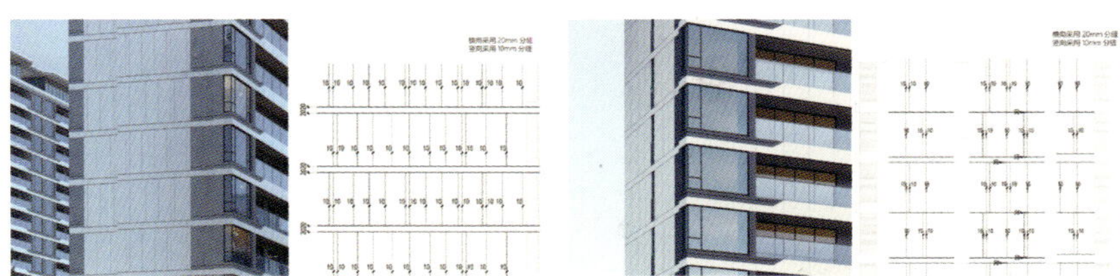

高层立面分缝示意　　洋房立面分缝示意

项目效果图

建筑立面风格简约典雅，用曲线、折线营造建筑的艺术感、韵律感、未来感，以立面材料的灵活运用，结合考究的细节、分缝和节点，在兼顾建造成本经济性的同时打造精致的建筑立面。

展画入园 水之院子

“水之院子”社区会所的引入是本项目的最大亮点之一。提炼中国园林的传统元素、造景手法，融入现代设计语言结构重组。

功能空间景观化、社区空间复合化、生活场景艺术化的设计手法，实现住宅产品价值独特化，牵引差异化产品力，形成网红地标效应。在水之院子中嵌入非常规功能空间，覆盖共享书吧、冥想空间、休闲洽谈、亲子乐园等多种功能，提供多元的社区生活体验。

高低错落的屋宇，精巧灵动的落位，收放有致的空间，在与镜面水景的结合之下，水面之上的建筑与水面之中的倒影仿若虚实意境之间转变；屋影、水影、树影、光影倒映其中，极具现代自然的艺术感。俯瞰之下，仿佛以地为台，于社区之内展开一幅山水画卷，将自然艺术文化融合于环境之中，打破常规居住空间场景，为居民提供耳目一新的居住感受，以设计为源，点亮美好生活。

项目实景

项目实景

1栋

七、金领九如意

用地面积：4.5万m^2

建筑面积：14.3万m^2

设计时间：2015年9月

项目地点：河南 郑州

建成时间：2017年4月

河南省工程勘察设计行业奖 一等奖

河南省土木建筑科学技术奖 一等奖

项目实景

河南钟灵毓秀，数千年岁月流转沉淀下底蕴深厚的人文资源，地方特色鲜明。金领九如意位于河南省会郑州市北龙湖片区，项目居于城市核心，外有运河、龙湖水景，各类配套完善，周边均为低密度、低容积率的高品质住宅。优越的区位条件决定了项目高端的定位。设计立足于本土文脉，融入地域精神，以根植大地的姿态模糊建筑与环境、人与自然的边界。

立意

院落，是历经千年的中原人居生活载体。它不仅是一种建筑空间形态，更是根植于当地人心灵深处的生活艺术和人文精髓。“以院合围，堪称为家”，中式合院讲究四方围合，中间藏气，象征气息直通宇宙，以追求“天人合一”，这是中国庭院精神所在。

设计思考建筑对于文脉的回应方式，以传统合院住宅为灵感，提取、转译院落人居元素和意向，结合地脉价值、人文底蕴，将中国人千百年的院居生活情结融入整个项目。设计关注建筑的内在功能和人文价值，探索再现人文风貌的恰当方式。以体验与联想的方式去追寻和延续当地居民对院落空间的情感，并将其融入现代环境之中。

规划

项目规划融入现代中原建筑礼制，以悠闲的院落空间与传统建筑中轴对称的格局相结合，强调东方建筑的礼序感与仪式感。以“中心十字轴”为景观骨架，以“一心四团”的院落景观空间统领整个社区。在十字景观轴的交会处设置中心院落，四个组团景观院落围绕中心设置，保证每户都拥有良好的景观朝向；同时组团划分明确，兼具舒适性和私密性。

项目实景

取法中式园意，“融”苑、“汇”园、“私”院，造园考究。通过建筑的围合和多重院落空间的叠加来造园筑院。依附于空间轴线，使多级院落空间序列明晰、层次丰富。并融合现代生活方式需求，从功能、形态、空间三方面出发，注重院落空间与建筑空间的有机结合，将传统合院空间融入建筑设计，创造出底层复式、中部大平层、顶部合院的全新居住模式。院落空间由外而内，院中有园、园中有苑；由下至上，从社区院落到顶层合院，贯穿整个社区空间。

← 院落空间示意　→ 产品布局示意　↓ 项目实景

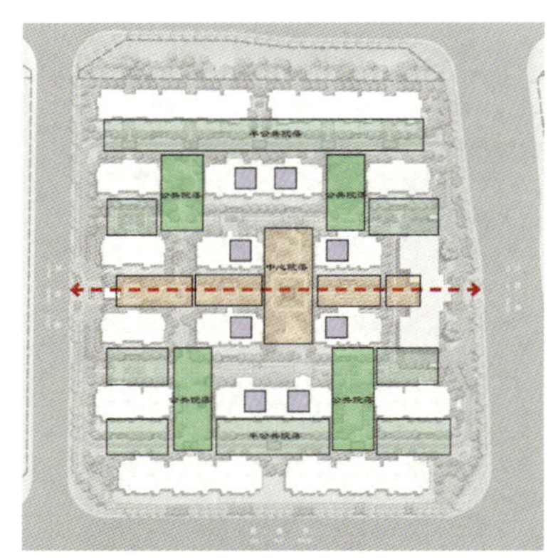

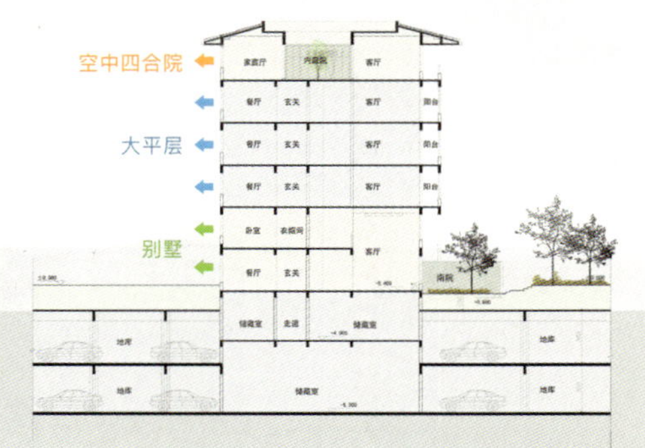

项目实景

门被视为气场的出口，也是院落内外空间的连接点。项目通过不同门宇限定院落空间的递进，将整个社区分为三进空间，加强仪式感和领域性。

景观

基于中国哲学“人不能离开自然”的朴素思想，景观设计在“师法自然”的同时融入北方园林特色，将北方的轴线、序列以及层层递进的仪式感与景观细节进行结合。组团景观以“八雅”，即“琴、棋、书、画、诗、酒、花、茶”为题材，为每个景观组团设置主题，体现了“隐于府，净于心”的文人雅士的审美及精神追求。

景观方面注重门头的设计，每个景观院落都有特色的门头。道路设计讲究静街深巷，街巷设计中将道路等级分为街、巷、驰道三级，每个等级分别设置不同的特色景观树种，无形间把庭院自然分隔，营造空间“开放一私密—开放”的变幻，打造步移景异的丰富视觉感受。景观空间追求舒缓、深沉、流畅的境界。空间序列层层铺开，曲折迂回，意蕴深邃，尽显流传千年、温润风雅的人文意蕴。

人居

住宅设计充分考虑北方人居的地域特色，对天然采光、通风、私密性充分关注。将一、二层作院墅化处理；顶层的围合露台空间形成空中四合院，在空中营造私享绿化庭院；标准层大平层南向多开间，使居住空间的采光舒适度得以绝佳呈现。设计不仅满足了本地居民的院落情节和采光需求，同时充分尊重河南当地的气候特征，营造出南北通透的户型格局，提升了居住者的舒适体验。

项目实景

项目实景

建筑外观遵循雅致而不张扬的理念，注重细部处理，将中国传统的窗棂与回字纹用现代的材料进行演绎，并与顶部线脚和栏杆进行结合。建筑立面主次有序，底部厚重沉稳，墙身简约挺拔，屋顶巍峨舒展，充分展现出建筑的典雅韵味。外墙材料由黄金麻天然石材、三色定制砖材、进口陶瓦和金属材质组成，既呈现石材的厚重感和时代肌理，亦有砖瓦的东方韵味。在细部处理上，加入金属分隔条、铜饰纹样等装饰元素，承古意、写今心。

砖、石的古朴质感与金属、玻璃等现代材料有机结合，用当代的技术与材质对中原传统建筑符号进行演绎，使之融入建筑的细节表现，通过现代手法写意传统韵味。营造场所人文精神，表达空间形态的多样性，空间中的各要素形成有机的整体，与场地共生。

现代建筑与传统意蕴的相生相融，将庭院理念融入居住空间，回归人本居住情怀，重拾传统院落及邻里情结，塑造朴素淡雅、诗意自然的空间环境。人与宅院、人与地域互生互融。

八、九樾云筑（规划、建筑、景观、室内一体化设计）

用地面积：4.4万m^2

建筑面积：15.4万m^2

设计时间：2024年4月

项目地点：河南 郑州

项目状态：建设中

美国缪斯（MUSE）全球设计大奖 铂金奖

河南省工程勘察设计行业奖 一等奖

项目位于有着“绿城”之称的河南省郑州市。2020年，郑州被住建部评为国家生态园林城市，也是长江以北地区首个获此殊荣的省会级城市。九樾云筑作为市域立体生态建筑试点项目，兼顾城市绿色生态的发展方针以及居民对“好房子”的需求，承载人们对绿色生态高品质人居的期待。

一方小院，一隅心安。院子，是中国人自古至今的居住情结。近年来，以空中户属庭院住宅为特色的四代或类四代住宅，通过高层与庭院共生的方式提升着现代集合住宅的居住品质，为城市居民提供更多元的居住体验。九樾云筑以绿色、生态为主题，引入“立体生态建筑”的住宅的设计理念，将空中院墅与规划院落有机融合，并通过规划、建筑、景观、室内多专业协同一体化设计，确保项目高品质精准落地。

规划设计｜礼序，灵动

规划设计以礼为制，采用中十字轴规划布局，东西向为入口礼仪轴，南北向为人文景观轴，双轴交错，营造空间体验的多元性和层层递进的归家动线。

在礼仪轴上，从入口起依次布置入园广场、酒店式管家大堂、共享会所、入口花园、下沉庭院、中央花园及组团花园，从公共的喧嚣到私人的静谧，多重空间过渡营造归家仪式感。在下沉庭院植入共享会所，满足业主多元生活需求的同时，形成从地面到地下、室内到室外的三维空间渗透。楼宇布置以点楼为主，通过错位布局让社区空间更具流动性。

将整个社区置身生态之中，将建筑与自然景观相互渗透、相互融合，创造出一种独特的立体美学效果。

项目效果图

项目效果图

立面设计 | 生命之树

立面设计以“生命之树”为理念，突破常规立体生态住宅立面形象。挑高露台流线沿着建筑体块自下而上层层舒展，竖向造型仿佛大树自然向上生长的枝干，建筑整体呈现出蓬勃向上的姿态，非对称的立面效果自然且富有生机。

为突破常规立体住宅厚重的立面形象，通过多轮结构优化设计，在保证露台花池深度与大尺度露台出挑的同时，控制横向线脚截面尺寸，保证立面效果流畅舒展；建筑实墙阳角处通过构造手法设置圆弧转角截面，与建筑主体的流线型造型相呼应，使得建筑立面效果更加柔美温润。

流线型的露台及造型设计极具流动感和现代感，精致的细部设计体现精工品质，建筑整体以视觉语言与周边环境达成融合，又不落俗套，在形式上与其他住区形成差异。通过建筑比例和尺度的细节控制突出建筑单体的美感，在细微处彰显建筑质感，成为有强识别性的高品质住区。

景观设计 | 连续，沉浸

在景观空间营造方面，主次分明、开合有度，通过礼仪入口、下沉庭院景观、会客景观、中心景观、组团景观设置，将人行与景观空间进行有机融合，实现公共景观的“可进入性”及“可参与性”。移步易景、以景归家，形成了一个完整的人行游憩体系，创造富有体验感的游园氛围。

项目效果图

轴线景观的打造和建筑之间的错位布局，实现景观的层层渗透，使小区居民均衡享有公共景观资源。引入“地面绿化+层间绿化”的多维景观结构，使空中庭院与社区景观有机结合，打造多维度复合景观体系。多元开放、均匀渗透、连续流畅的景观感受，提升了每栋建筑的观景价值和项目整体的经济价值。

依托一体化设计优势，景观设计语言与建筑设计充分贴合，透过“云”的写意语境，捕捉“森系、轻盈、飘浮”的生活特质，打造城市里的“樾上云境”。场地以森系空间为基底，将自然温润的浅色调融入都市审美，勾勒出与建筑共生的流动形态，呈现多层次的空间场景。

项目大门以极具昭示性的超长界面营造方式，构成了设计元素与建筑的完美融合，门头造型与入口柔和的云聚水境形成视觉张力。后场上层通过干

下沉庭院及景观效果图

净的暖色与绿色对比以及大体块的构成穿插，呈现出柔和而干练的视觉效果。轻盈流畅的云廊完成场景之间自由舒展的串联，搭建立体景观环线。乌桕群掩映其中，彰显自然蓬勃生长的活力。

依据场地规划，上下层空间进行一体化设计。上层以通达性为主的主园路和连廊系统彰显通透感及秩序感，下层以设计语言的连接和消化高差的引导过渡为设计核心，各自独立又整体联动，自然地形成了无界空间。

在下沉景观空间，层次感台阶与水幕、种植池共同构建了一个富有节奏感的下沉立面，台阶的递进与水流的倾泻相互呼应；中央水景、亲水卡座和水上小径的平面肌理与四周建筑相互咬合，内外景观交织，视线互融，呈现出流动与静谧并存的空间，带来视觉与听觉上的双重享受。

户型设计 | 生态，多元

户型设计以人为本，源于生活，重塑生活。设计两层挑高空中庭院，与270°视野端厅有机融合，通过立面全景落地窗的设计，将自然引入，无

项目景观效果图

项目景观及会所室内效果图

地下落客区效果图

地下车库坡道效果图

边界的视觉效果也延伸至室内，打造出通透感十足的花园空中院墅体验。

LDKG一体化设计、X多元自由空间、全生命周期灵活弹性的设计提高传统模式化住宅的定制性、可变性，契合家庭的不同阶段、不同成员的个性需求。在居住体验方面，以超大宽厅、巨厅设计、私家电梯厅设计、酒店式套房设计、一梯一户尊享大平层设计等，提高生活品质感与仪式感。

室内设计｜精神场域

项目公共区域设计利用建筑带来的构造及原始光源，制造室内的设计亮点，打造纯粹、干净、极简的高品质空间场所，摈弃浮躁的调性界限，追寻材质和空间的本质，以动态光影重构空间叙事，打造可感知的“未来自然栖居”范本。

空间设计注重由“开放”到“归属”的心理转换。大堂作为公区与私人住宅之间的连接带，在尺度与气质上都承担着“转场”的作用——既不应太商业，也不能太冷淡。通过柔和的光线、温暖的色彩与高品质材质，营造出一个过渡而不失尊贵感的归家场景。

入户大堂中央背景墙选用翡翠绿奢石岩板，肌理灵动、色彩深邃，营造出如山林般静谧的空间氛围，营造放松与沉浸的归家氛围；地面采用深色大理石拼花结合浅色几何图案，形成高对比又不过分张扬的视觉感受，兼具实用性与装饰性，增强地面的稳重感，同时也象征着“沉稳与内敛”的住宅气质。配色选用典雅、克制的高级米白调与自然中色调搭配，传递出生活的质感与稳定感。整体色彩系统不张扬浮夸，耐看耐用，符合中高端住宅的美学需求。

地下大堂延续入户大堂的色彩及材料肌理，以翡翠绿奢石岩板背景墙为视觉核心，如一幅泼墨山水画卷垂落而下，背景墙下侧暗藏的线性洗墙灯将岩板肌理渲染成流动的翡翠星河。岩板表面若隐若现的天然纹理，与古铜色不锈钢打造的几何分割线交织，既有东方水墨的写意韵味，又通过质感的碰撞形成先锋感与张力。

九樾云筑无论从设计理念，还是设计技术、建筑材料，均符合绿色、生态、可持续的发展趋势和要求，是一个具有城市价值、将城市定位与人居倾向完美结合的创新住宅产品。以先进性、引领性的设计创造独具特色的空间风貌，激发片区的魅力、活力、引力，是具有城市价值、富有独特居住体验的绿色生态住宅实践。

地下归家大堂效果图

首层归家大堂效果图

九、阳光海之梦

用地面积：7万m^2

建筑面积：11.3万m^2

项目地点：海南 海口

河南省第一届“建筑设计奖”一等奖

河南省优秀建筑设计方案 一等奖

基地位于美丽的海口市海甸岛北侧，西倚和平大道，南临南渡江，北眺辽阔的琼州海峡，南临海景路。基地东西总宽400m，西侧南北进深87m，东侧最宽处南北进深294m，呈不规则多边形。

项目设计着重考量建筑景观的滨海性、海景的充分利用、江景的兼顾以及城市沿街界面等方面，结合适性地貌场所理论进行多维度实践。独特的设计构思和规划理念，使本项目成为海口市海甸岛具有鲜明滨海特色的现代度假居住典范。

适性的海岛风情，自然而然地将生活本真、住区品质、城市语言展现出来。与时俱进的设计态度，在空间脉络中创造出一种完美结合环境与功能的真实诉求，成功地激活了地域化、生态化、未来感的建筑风貌。

规划景观空间营造

在有限的容积率条件下，以高层建筑布局带来12%的超低建筑密度，营造出基地内开阔的景观绿地和景观视野，以及超高的绿地率和大尺度的丛林景观。建筑单体动态舒展，点式和板式高层住宅楼顺应地形，形成灵动自然的规划布局。

项目景观设计结合滨海地区的气候特点，用大量的热带植物组成丛林景观，广阔的空间尺度加上疏朗的建筑布局，对于热带地区夏季的住宅散热和通风也大有裨益。项目景观设计并非盲目求大，而是在大尺度的空间中，通过丰富的景观层次设置，营造富有情趣、亲切宜人的小尺度景观环境。植被的高低、疏密、远近及色彩都经过精心布局，景墙、水系、地灯等景观元素有机结合，活动场地与设施充分考虑人的参与，健身步道、健身设施等精心设置。

滨水景观营造：江景的兼顾

基地东侧及北侧为南渡江支流，沿江北上不过千米，琼州海峡即扑面而来。方案设计充分兼顾江景，东侧住宅创造出的多层退台，形成面对江景、海景的多层立体公共观景平台。

项目效果图

项目效果图

都市形象营造：开放的生态界面

基地西侧的和平大道为海甸岛的城市形象主干道，方案不仅考虑到项目内在的海景特质，更加注重其对城市环境的积极提升作用。在和平大道与海景路的交叉口设计大面积的城市公共开放空间，使城市空间和小区内部景观空间形成交流互动，对两种性格的空间都形成延伸和借景；建筑形体的平面流线和立体退台让建筑整体造型更具飘逸动态之感，从城市的任何方位望去，都有着丰富多变、跌宕起伏、灵动隽秀的视觉效果。

形象识别度：滨海生态元素

融入地域生态符号，提取海景、海浪、海螺的形态特征作为项目的设计元素。单体建筑设计充分响应规划的构思立意，塔楼玲珑圆润、挺拔俊秀，如白玉琢成。屋顶设计空中观海平台，海景尽收眼底。板楼流畅飘逸，跌宕起伏，若波涛澎湃；端部作退台处理，居民在此处可感受海风拂面。

项目效果图

项目效果图

户型设计充分考虑海景利用，小进深、大面宽。大型私家观海阳台的创新设计，加上波浪感十足的流线形体，是“滨海建筑”的最好诠释，正可谓“刚性的流动、飘逸的建筑”。

建筑主体造型端部设置逐级后退的景观露台，提升产品品质和客户体验。灵动起伏的栏板不仅融入了滨海元素，也兼顾了相邻住户间的居住私密性。

在造型、色彩方面，用洁白的颜色与海的湛蓝形成鲜明对比；建筑材质、色彩充分顺应材料“本性”，结合造型，形成适性建筑语言。通过对灵动、独特的滨海住宅气韵和内涵的追求，营造出富有本土性、公共性、文化性、艺术性，融入自然、适于生活的建筑形象。

强调绿色共生、生态美学和可适空间表达。规划理念与基地环境相融合，建筑技艺回应自然环境，满足建筑的功能性和舒适性需求。从海南自然风光及人文角度出发，将人文生态环境的纯粹性、私密性和城市景观的完整性体验最大化。

“海之梦”的规划构思、建筑造型及空间体验，从城市、环境、市场、产品的角度寻求动态的均衡与可持续性，实现人和建筑与自然环境适度共融的自然状态，营造滨海住区的特色和自然本真之美。

项目效果图

十、茂源凤栖今朝

用地面积：3.3万m^2

建筑面积：7.6万m^2

设计时间：2023年11月

项目地点：安徽 六安

项目状态：建设中

美国TITAN设计大奖 住宅设计 金奖

美国TITAN设计大奖 最佳舒适性设计 金奖

克而瑞安徽省五大高端作品

房地产高质量发展时代下，越来越多有责任、有追求的企业走上“卷”产品的赛道，试图通过产品的打磨与创新，营造有温度、有品质的“都市生境”，在实现企业发展的同时为居民创造更好的生活选择，为城市创造更多社会价值。

安徽省六安市是一座宜居的山水之城，设计通过对当地市场住宅产品现状的分析、所在基地价值的挖掘，以问题为契机探寻住宅产品迭代、品质提升的策略，通过资源整合、创新规划与建筑营造实现价值重塑。

项目区位

项目位于安徽省六安市主城区，直面凤栖湖湿地公园，坐拥稀缺的湖景资源。核心的区位、便捷的交通、齐全的配套、滨水的格局……从区位角度决定了项目高品质住宅的底色。

项目效果图

450m^{2}顶层复式效果图

规划设计

设计形式追随功能，同时也决定功能。住宅设计决定了居民在建筑空间中的活动方式和感知体验，从而改变着居民未来的生活方式和品质。本案以人为秩序，将如何整合资源进行价值重塑，并通过产品创新提升生活品质、引领生活方式、创造更多可能作为设计的关键。

首先，对外借景。尽可能扩大外景资源优势，将室外景观引入室内。从数十版设计方案中，选出兼顾景观视野与地块价值的“满分答案”。

在项目设计前期，设计团队用无人机针对不同高度和角度的观湖及观景效

项目效果图

果进行勘测模拟，充分整合地块条件，采用80m高度实现1.6容积率，以高度换空间，争取极致的一线观景户数及居住体验，将滨湖区位优势极限放大。

同时，通过项目北侧和西侧的建筑退界，让建筑被超宽城市景观带环绕，建筑仿佛从环境中自然生长。

其次，对内造园。以建筑围合出15000m^2超大中心景观，内向的自洽空间营造隔绝了城市喧嚣，实现内向资源的均好性。让每栋楼的住户都能通过借景与透景，感受到全方位、大尺度的自然景观引入，拥有更好的居住体验。建筑与自然互相渗透，赋予空间以自然的生命力和灵性。

再次，秩序营造。在北侧退让出超宽城市景观带，并植入社区形象出入口，打造170m超长城市界面。在居民的归家路径沿线设置入口广场、酒店式落客区、迎宾仪门、院落式归家大堂、下沉庭院、中心景观、组团景观等，多重礼序归家动线营造尊崇的归家仪式感，演绎高端人居生活应有的精致与讲究。

最后，功能植入。社区内部中心景观处规划下沉庭院，形成从地面到地下的三维空间层次渗透，打造多元、多变的空间感受和丰富的空间节奏。闲暇之余，邻里相聚，静赏四时更迭，畅谈人生志趣。

项目西侧布置艺术街区，与社区联动又相互独立，在商住分离的同时提高生活便捷性，实现了社区功能的多元化，带来丰富而松弛的漫生活体验。

项目整体的空间营造致力于在繁忙的都市节奏中归还生活应有的从容松弛，赋予居民更高级的生活体验和情绪价值。

项目效果图

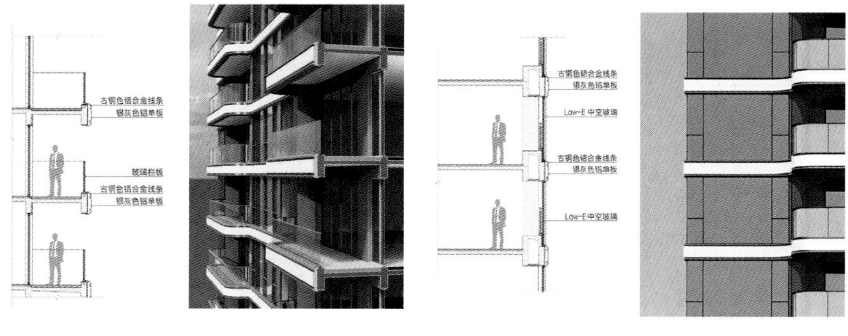

立面节点

立面设计

茂源凤栖今朝以创新性的建筑形象区别于市面已有的住宅产品，用建筑语言完成与人、城市及环境的回应和交融，以独具匠心的设计体现项目区位的独特价值属性。

设计灵感提取自凤栖湖水纹肌理，抽象演变为自然流畅的横向线条，建筑流线与湖面、河面的水韵流光交相呼应，结合水晶幕墙体系，赋予建筑灵动柔和的艺术美感。

创新的非对称立面造型打破常规的公建化立面风格。顶部采用非对称玻璃体造型，通过挑板和玻璃幕的形体组合，打造晶幕立面，可见的视觉语言转译出项目的精神内核——极简、高端、现代。

为凸显建筑轻盈灵动效果，建筑细节精雕细琢。在阳台部位，通过古铜色铝板斜面压边处理，提升线条层次感，营造内敛奢雅的气质。在飘窗构造中，出于对立面整体性的考虑，采用玻璃外包飘窗窗台的方式，营造出落地窗的效果，进一步提升品质感。

立面生成示意

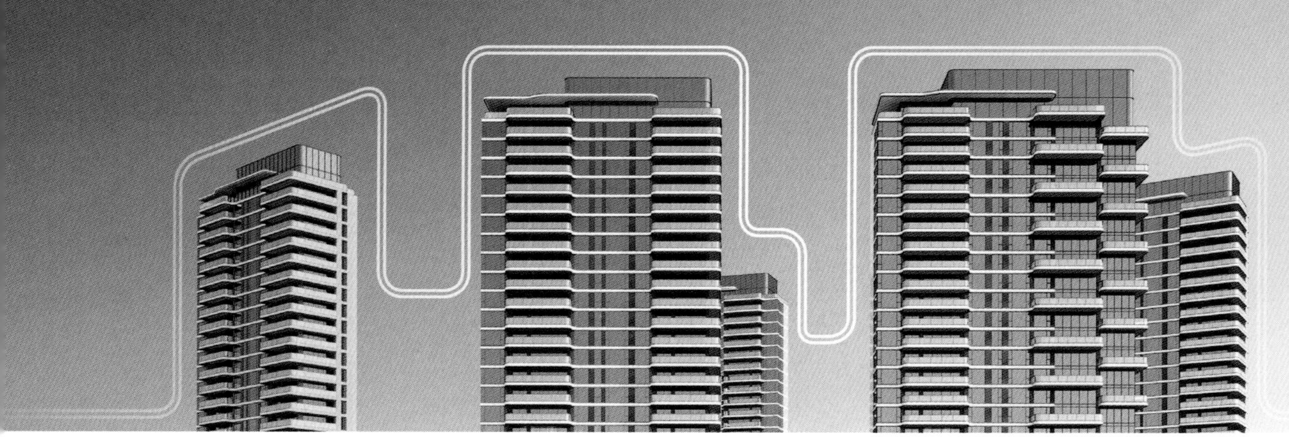

城市天际线示意

沿湖界面勾勒出优雅的城市天际线，强烈的视觉聚焦感和独特的建筑性格张力让项目极具标识性。建筑生长于环境，与城市共生，为城市脉络增添一份独特的视点，丰富城市界面、提升区域形象。

户型设计

根据不同位置观景特点打造建筑面积约170～450m²的大平层产品，在水景资源优越的楼栋，通过错层挑空实现客厅约6.3m阔景挑高，更大化利用湖景资源，提升居住感受。灵动通透的空间形制、空中云墅的产品形态，升维人居体验。

户型结合规划争取极致大面宽、大开间宽厅设计，打造最大约8.6m×7.8m通透巨厅，端厅设计实现270°多景观面导向的观景视野，更大化提升观景体验，实现居住视线的穿透和城市界面的延续。

450m²顶层复式退台创造出大面积、多层次的观景平台，结合造型设计屋顶花园、私家泳池，呈现独一无二的观湖视野及云墅空间，突破司空见惯的生活方式，全新的居住体验引领城市人居迭代。

在空间功能性方面，更强调大庭院、大露台和室内核心功能区的互动。选择LDKBG一体化设计，通过均衡考量户内外居住场景，实现空间的多区域联动、场景的多元互动。

所有户型两梯两户，打造私享入户空间，将礼仪玄关、独立家政、双流线等细节处理引入其中，通过前瞻性、创新性的设计，搭建高品质生活空间新样本。

十一、中鼎凤麟天阙

用地面积：9.4万m^2

建筑面积：22.3万m^2

设计时间：2024年3月

项目地点：河北 邢台

项目状态：建设中

中指研究院2024—2025中国品质豪宅标杆项目

美国TITAN设计大奖 住宅设计 金奖

美国TITAN设计大奖 最佳美学设计 金奖

项目位于历史文化名城河北省邢台市，拥有3500余年建城史，有“五朝古都、十朝雄郡”之称，被誉为“燕赵第一城”，历史文化底蕴深厚。基地坐落于邢台市信都区，周边高校林立，人文气息浓厚。

设计从艺术与功能两方面着手，以虚实结合的手法将城市历史与文脉气质植入区域之中，围绕地方生活习惯、居民个性化需求，将建筑、空间和景观用统一的现代设计语言整合，打造一个具有昭示性、引领性、共生性的品质社区。

规划丨重构社区与城市边界

社区住宅作为参与城市共建的建筑主体之一，其社区边界已成为城市界面的主角。一个好的住宅项目会从社区边界的功能规划、建筑风格、空间设计出发，引领居民生活品质、重塑城市空间，与城市同长并进。

项目在规划设计方面进行创新突破，采用先进的空间规划理念构建出共享开放的社区体系——在西南角规划城市公园，与社区内部下沉庭院空间联通。城市公园作为开敞空间，营造动态为主的居民活动场所；社区下沉庭院结合会所功能，营造静态为主的内向社交场所。动静结合，带来富有活力的生活场景演绎，打破社区与城市边界。

这样的设计规避了传统住宅小区的城市“孤岛”状态，从割裂到融合，营造出具有前瞻性的人居体验，全面回应城市与社区、公共与私密的多重诉求，立足整体设计角度，将社区边界融入城市，以中介空间的形式与城市形成互动，建立社区与城市公共空间的持久价值关联，提升高品质城市住宅的人居内涵。

项目地下空间实景

沿街低层建筑效果图

从城市界面形象来说，结合外部环境和视线关系，在建筑不同标高处设计露台和空中庭院，既是对功能的必要补充，也是建筑对周边环境的自然回应。二层平台向东可直面城市绿地，以此为纽带，让建筑与自然融为一体。规划结合城市开敞空间和公共绿化空间，将城市道路和公共景观空间纳入，共同组成项目的“超级城市界面”，独特的社区主入口既是极具昭示性的社区符号，也是城市景观的一部分。

项目实景

立面实景

立面丨重塑住宅与城市风貌

从城市的视角来看，基地东南角是城市主要交通干道交会处，也是视觉焦点所在。缘于此，整体规划上将6层的多层建筑放置于此，使之成为城市界面上的点睛之笔。此多层建筑采用极简现代的设计语言，以通透玻璃幕墙结合竖向构件的组合形成视觉上的虚实对比，让整体更具识别性，同时结合外部环境和内部视线关系，在建筑不同标高设计露台和空中庭院，使建筑与内外环境的融为一体。

住宅立面设计结合邢台古都遗韵，在现代流线风格的基础上融入北方古建筑的"重檐"意向，在端部设计出独特的外凸线条，加强建筑的横向“无界”感、飘逸感的同时富有韵味，同时通过顶部变异的飘檐设计，寓古于新，形成独有的城市形象。建筑单体通过精致的细节设计，营造现代、轻

项目效果图

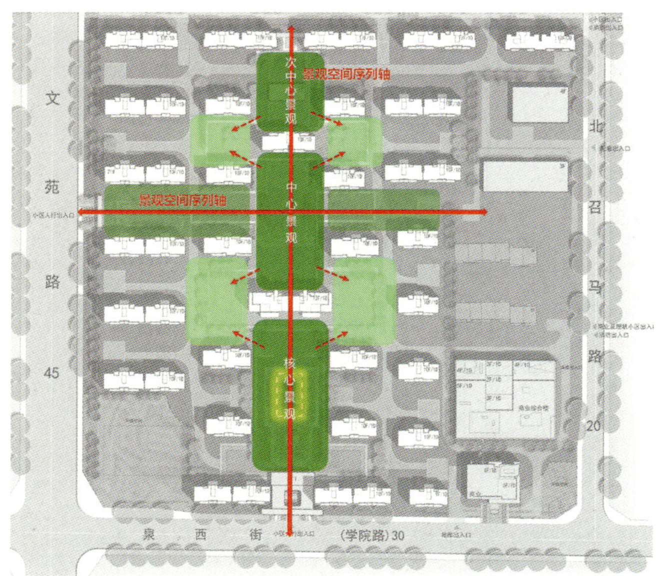

三级景观渗透示意

盈、时尚的建筑形象，同时结合高品质的施工精度，确保建筑的精美、精致，打造工业级精工的建筑群体。

建筑用材上以大面积落地玻璃窗和低饱和度的锆白色铝板为主调，局部结合灰色点缀，突出建筑质感的同时形成超大尺度公建化界面，大面积落地玻璃的使用在保证节能的同时，将景观资源最大化引入室内，以达到重塑城市界面、提升城市质感的目的。

产品丨重建社区与生活空间

在中国的传统文化里面，居中者为尊，中者为上。社区规划采用中轴对称的设计，以纵横两条景观空间序列轴串联归家动线。

中心轴线空间承载社区主入口、会客厅等重要功能。在中心景观带处打造

空中院墅效果图

下沉庭院与廊道，打破单一的归家动线，形成从地面到地下的三维空间渗透，立体的空间层次丰盈建筑景观感受，地下空间与西南角城市公园连接，多样的空间和多元的社交场景激活社区活力。

南北向序列轴由前至后规划了核心景观、中心景观和次中心景观三进院落空间。通过“W”形及“V”形错位灵动的楼宇布置，在中轴楼宇两侧衍生出二级景观空间，形成楼宇间、院落间的空间流动与渗透，进而与宅间景观结合形成三级景观渗透，整个社区空间层层递进又疏密有致，居住感受更加充实、多元。

户型设计是住宅项目设计的核心，关系到居民未来的生活方式和居住体验。项目在户型设计方面大胆创新，为居民提供极具引领性的“独墅级”空中生活居所。

户型面积140～290m^2不等，满足品质生活需求。约280m^2的空中院墅产品，通过对结构的合理设计，实现6.6m通高无梁的内部空间，最大化实现客餐厅区域的通透感；外部通过结构悬挑实现局部近8m的阳台无柱空间，突破常规阳台尺度。建筑空间层次丰富，同时结合细节处理解决空中庭院“对视”问题，确保居住的私密性。

宽阔的空间、LDKB/G+1的功能区域组合，让居住体验灵动、自由，能够满足居民不同生活阶段的个性化、定制化空间需求，引领全新的品质生活趋势。

项目整体设计聚焦居民生活品质，以设计赋能实现区域住宅产品的创新迭代，引领更好的人居生活方式；同时立足历史文脉，立足城市界面，让建筑与城市组成有机、良性的互动群体，刷新城市界面质感。

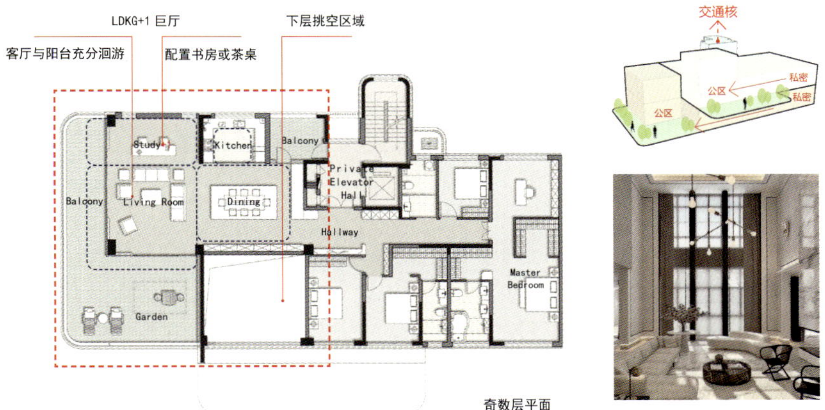

挑高空间（287m²——4+1室2厅3卫），LDKG+1巨厅

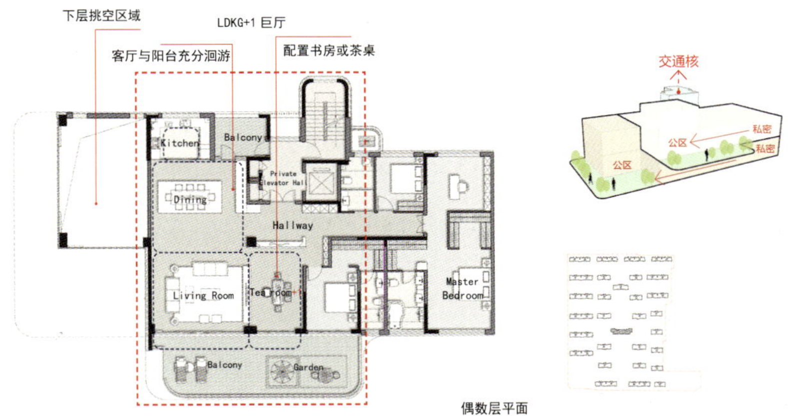

挑高空间（274m²——4+1室2厅3卫），LDKG+1巨厅

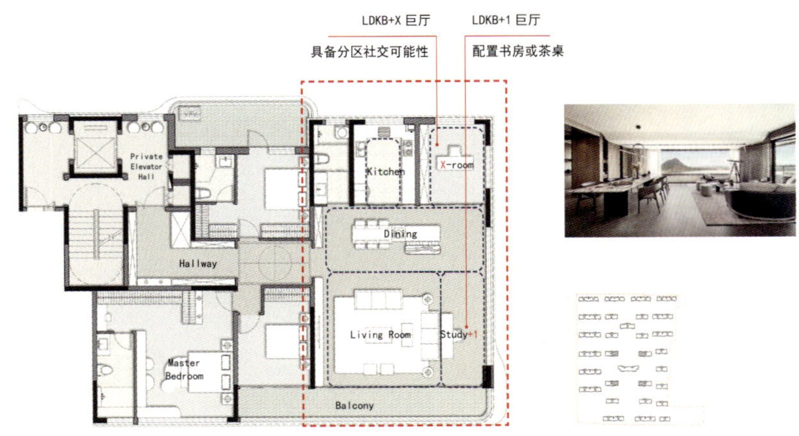

挑高空间（229m²——4+1室2厅3卫），LDKB+1巨厅

十二、御都珑水云墅

（四代住宅设计）

用地面积：4.3万m^2

建筑面积：9.1万m^2

设计时间：2022年7月

项目地点：河南 驻马店

项目状态：建设中

河南省工程勘察设计行业奖 一等奖

疫情过后，人们亲近自然的心理倾向更加明显，在住宅产品的选择上，大阳台、大露台的关注度大幅提升，这也让四代住宅再次成为行业热点。

御都珑水云墅位于河南省驻马店市，基地周边为网格状道路，西侧临近嫘祖河，北侧紧靠规划的210亩滨河公园，交通便捷、景观条件优越。设计基于人们对于居住品质需求的不断升级，将产品定位为城市级高端改善型社区。在创新设计的同时，为城市人居生活品质带来实质性提升是设计的出发点，也是助力房企从产品端破解购房者改善需求的核心密码。

设计以四代住宅为切入点，引领区域人居革新趋势——四代住宅的最大亮点之一是垂直绿化系统，这与国人的“院子”情结、田园人居需求完美契合，加上近年来不断升级完善的四代住宅产品设计技术，势必将为居民带来人与自然共生的更好的人居体验。

项目示范区实景1

项目示范区实景2

曲直相生

项目作为城市人居生活革新的先行者及未来城市界面的重要节点，立面设计在四代住宅基础上进行创新优化，摒弃会影响建筑整体观感的悬挑部分支护结构，以曲直并进的线条让建筑造型流畅舒展，同时去繁留简、富有张力。

层层错台，恰到好处的挑檐曲线增加建筑的流线感和韵律感，使建筑层次更丰富多变。使用大面积的落地窗模糊室内与室外、建筑与自然的边界感，拉近居民与自然的距离，让居民拥有更好的视觉感受，也使建筑更加通透、轻盈。

近人尺度的横向造型飘板和门头均采用白色铝板，屋顶飘板采用白色晶彩石，主墙采用灰色晶彩石，在最大限度保证效果的前提下，合理控制项目整体工程造价。抛开四代住宅垂直绿化系统的加持，建筑本身就已经具有很强的视觉美感。

空间变革

项目最大亮点之一在于对产品户型的空间变革，在传统大平层的基础上，通过垂直绿化的空间形制、空中庭院产品形态，将只能存在于东方合院与现代别墅花园里的完善功能空间集中至同一平面，实现家家有庭院的前沿空间格局。

在空间功能性方面，更强调“大庭院”“大露台”和室内核心功能区的互动。选择LDKBG一体化设计，通过均衡考量户内外居住场景，实现空间的多区域联动、场景的多元互动。

项目效果图

196/210 户型 五室 | 两厅 | 三卫

标准层奇数层平面图

标准层偶数层平面图

148 户型 四室 | 两厅 | 两卫

标准层奇数层平面图

标准层偶数层平面图

项目户型图

200m²的中心楼王户型采用一梯一户的纯粹设计，通过空中花园奇偶层错位及客厅奇偶层挑空的设计，形成6.3m高度的全挑空客厅空间，极大提高住宅的舒适性。

144m²的高层户型，为了减少大面积悬挑对室内采光的影响，采用270°边厅设计，扩大客厅采光面，让整个空间通透明亮，户内采光通风俱佳，景观视野广阔。空中花园的错层设计使生活场景更加丰富多样化，在奇偶层花园交叉处，形成自然的空中阳光房。

项目效果图

规划设计

项目分为两期，建筑设计结合一、二期统筹考虑，围合布置景观资源，内部形成大的中心景观带，充分利用并引入外部的自然资源，让项目生于自然、融于自然。

规划设计汲取传统造城理念之精髓，通过多层次的空间组织流线，体现出强烈的仪式感，以“森林外 · 看森林，森林里 · 享森林”为设计思路，独享内外的景观资源。

项目西侧以高层住宅为主，东侧以6层住宅为主，北侧布置4层住宅，三种业态产品相互围合，同时利用北侧的自然景观资源，使户户观景阳台纳景览胜，让居民即便在家中也拥有对自然的“归属感”。

早在2021年，徐辉设计就以极高的市场敏锐度聚焦客户需求，完成位于安徽滁州的四代住宅设计——龙记未来城市森林。近年来，徐辉设计也一直积极探索兼顾创新性、前沿性、落地性的住宅产品设计。御都珑水云墅是徐辉设计C2C设计思维下的创新产品设计；是徐辉设计携手御都集团基于高度的社会责任感和对创新创意的执着追求，对区域人居的迭代升级之作。

项目效果图

十三、宁波水院云居

用地面积：2.5万m^2

建筑面积：5.7万m^2

设计时间：2024年7月

项目地点：浙江 宁波

项目状态：建设中

项目位于浙江省宁波市，一座“海定则波宁”的江南水乡兼海港之城。基地位于历史悠久的宁波北仑区南侧，是一片生活配套齐备的成熟居住区。北侧有社区公园、幼儿园、活动中心等配套，南边毗邻西太河与沿河绿地，绵长的水岸线为这块现代化的“都市心脏”地带点亮了传统江南水乡“枕河人家”的居住韵味。

引水之源，以院为园

基地条件的独特性让设计必须融入更多对“人与自然”的思考。如何充分利用区域优势，使滨水景观价值最大化，同时以创新性的产品力为居民创造更好的生活空间，让项目摆脱市场同质化产品的固有认知，满足市场背景下的人本需求、市场需求、企业需求，是项目设计构思的起点。

在建筑布局方面，为充分吸纳沿河景观，沿南侧河流布置别墅产品；沿城市道路布置洋房产品，建筑排布错落有致，一线河景层层渗透。在景观体验方面，内部造园，在社区内部打造下沉庭院作为核心景观空间，让业主不用外出也可以漫步园林之内；园中有院，结合景观和错落有致的建筑布置不同主题的院落空间，实现步移景异的观景体验。

设置叙事性的体验动线——一迎、二礼、三进、四享，以此形成礼序归家轴线。一迎，致敬城市。从城市角度出发，以建筑回应滨河森林景观，结合融汇了西太河潺潺之形的曲面入户公馆，打造绵延310m的超级展示界面。二礼，致敬自然。在南侧公路至小区内部的跨河空间，结合周边环境打造“森林大道”，归家动线从公共到私密，将层林水光自然引入，融入

项目效果图

日常生活场景，营造公园型社区氛围。三进，致敬生活。在小区入户公馆前设置酒店式落客区，强调居民归家尊贵感和仪式感。四享，致敬人居。下沉庭院与会所的无缝衔接，让归家动线的自然体验感更具连续性和层次感，让生活根植于都市，包裹于自然。

项目效果图

城市之间，水润云谷

在空间布局与景观塑造上，借鉴山间清风、水涧潺潺、云谷幽深的意境，通过向下拓展的方式在空间层次上寻求变化，将庭院景观与会所结合，形成新界面的焦点。下沉庭院为景观的塑造创造出更为立体和多元的发挥空间，与社区会所的结合也是一种闹中取静的选择。

下沉会所集社交、休闲、运动、娱乐于一体，是涵盖多种复合功能的私享空间。会所功能围绕下沉庭院如画卷般徐徐展开，同时，社交空间带来的烟火气则因为下沉的姿态更显独立而静谧，极大程度削弱对社区静谧生活氛围的影响。无论是与友人的欢聚时光，还是个人的静谧时光，都能在这里找到自己的心灵栖息地，传递奢雅的生活格调。

项目效果图

千古甬城，现代人居

在立面设计及材料选择上，用更为洗练和当代的建筑语汇传达具有江南意蕴的生活气质。通过设计重构，赋予建筑木构文化的深厚底蕴，营造极致简约的东方意韵。材料上通过定制的大象灰色铝板与仿木纹铝板有机结合，注重品质感的同时，增添了建筑的轻盈感，与以石材为主的立面形成虚实对比，让建筑细腻轻盈、精致现代。

户型采用私家庭院、上层露台、阳台等复合空间的方式，创造更多人与自然的连接，室内外空间双向延伸，模糊室内外边界。户型功能设计立足品质生活方式的引领和创造，联排别墅拥有超大南向私家庭院，礼仪玄关入户，彰显尊崇；首层享受7.3m面宽的超大客厅，气派恢宏，独立南向老人卧室，注重老人健康起居；顶层整层豪华主卧套房布局，独立主卫空间设计，舒适空中庭院，私密尊贵。

洋房户型在LDK一体化的基础上与阳台及绿化平台相结合，为家庭聚会、休闲活动提供更多空间选择；绿化平台设置在阳台两侧，保证客厅和两个以上卧室的采光；角部绿化平台结合主卧落地窗设计，让景观渗透室内。自然不再只是可观之“景”，更是可感之“境”，平凡生活中不平凡的幸福感由点滴设计细节衍生。

以流水蕴生设计，筑诗意水院云居。在这片繁华的都市绿洲中，项目呈现出具有东方禅意的院居美学。在这里，既有江南水乡的婉约，也有海港城市的豁达。项目在宁波城市人文语境及场地特色前提下，基于对传统与现代建筑语言的均衡结合，为居民营造松弛愉悦、令人向往的生活空间。

项目效果图

私家庭院效果图

十四、金沙青年社区

用地面积：4.67万m^2

建筑面积：8万m^2

设计时间：2024年6月

项目地点：河南 商丘

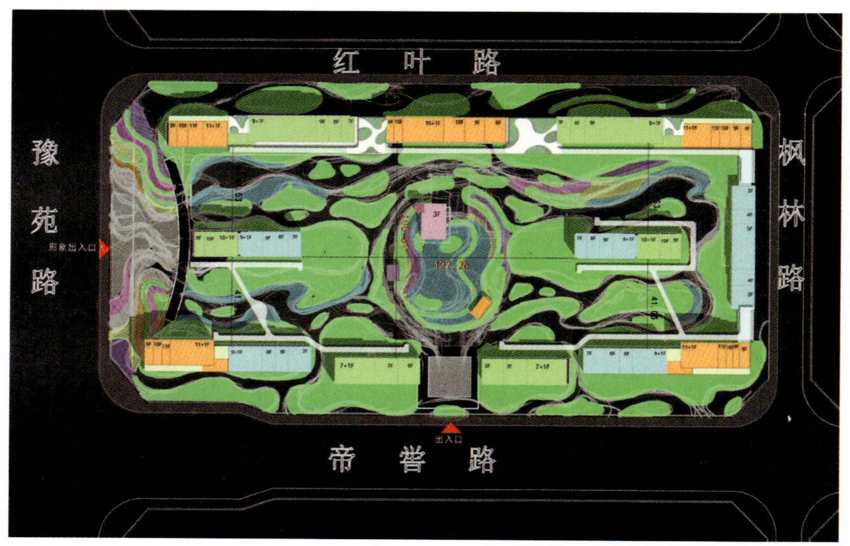

总平面图

近年来，随着房地产投资属性的回落和消费者的理性回归，住宅产品的打造重心从“面子”向“里外兼顾”转变，产品力成为房地产市场赢得优势生态位的关键。在此期间，住宅建筑设计也从标准化、程式化的怪圈中剥离，设计的价值在住宅产品打造过程中的重要性日益凸显。

在河南省商丘市，诸如金沙天悦、壹号院、东院等高品质、风格化的住宅产品接连出现，不断刷新和引领着高品质住宅产品力的迭代。然而，在住宅设计行业竞争愈加激烈的当下，人们对住宅产品的固有印象依然存在。

在商丘市日月湖板块，我们试图跳脱出公建化住宅立面的束缚，避免同质化产品给市场和企业形象带来审美疲劳，尝试在高品质空间营造的基础上，创造去同质化、去标准化的度假社区样本，探索更多元的、具有创新性、引领性的未来人居社区环境。

项目效果图

立体的共享社区

项目位于商丘市日月湖板块，距日月湖仅1km，周边多所中小学环伺，教育资源齐备，自然环境优越。设计理念的构思充分考虑20～35岁的客群定位，着眼于创造情绪价值的生活场景营造，落位于开放、自由、活力、共享的未来人居社区。

传统的行列式住宅布局通过建筑将社区空间分割为多个小尺度组团，虽能营造秩序感，但不免略显单调呆板，限制了公共活动场地的空间。经过多版方案比对，规划最终采用半围合式布局。

场地西侧的形象出入口退界近20m，打造与城市绿带公园衔接的园林景观，入口建筑采用内凹环抱的弧形界面，以开放共享的姿态为城市带来别具一格的住区风貌和居住文化，为活力的人居氛围打开入口。

空间规划布局示意

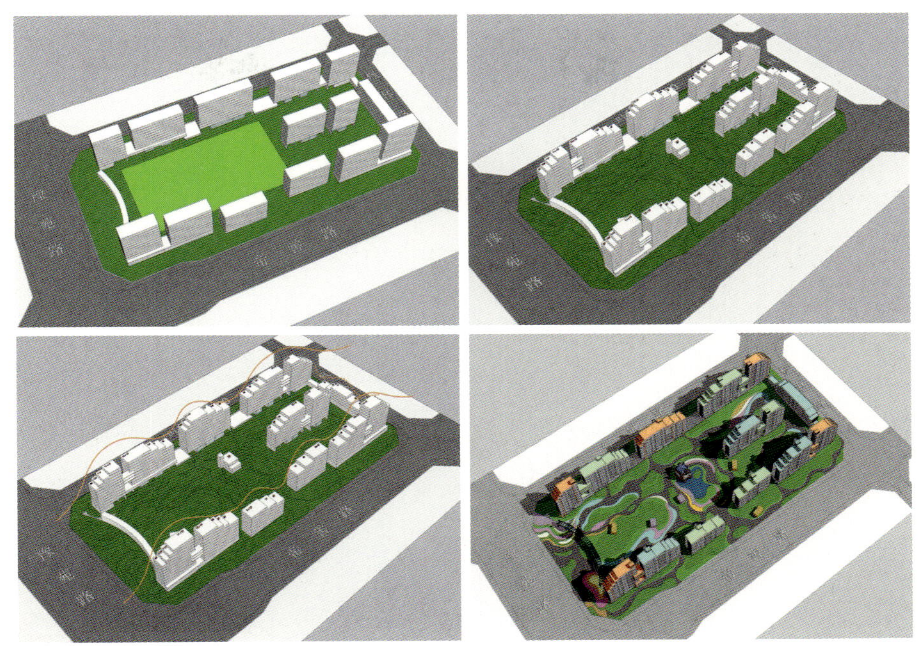

规划体块生成分析

住宅楼宇分列于北侧、东侧及南侧，在社区内部围合出大尺度的内向中心庭院，成为居民共享的活动空间，中心置入社区会所，以均好性、向心性的动线引导创造更多邻里交流互动的发生场景。

在住宅建筑的设计上，力图打破司空见惯的“方盒子”形体，创造出住宅界面的“鲜活感”。通过层层退台设计营造出高低起伏的节奏和韵律对比，建筑形体错落有致，形成自然、富于变化的天际线。

在低区，建筑底层全部架空，形成社区内的半室外活动场所，可置入阅读、健身、咖啡吧以及各类社群活动空间，满足年轻鲜活、开放共享的生活需求。同时，在中心庭院孵化出泛会所、全龄段儿童游乐区等，结合景观空间与底层架空层衔接，半室外与室外空间延续融合，形成“1+1＞2”的集合优势。

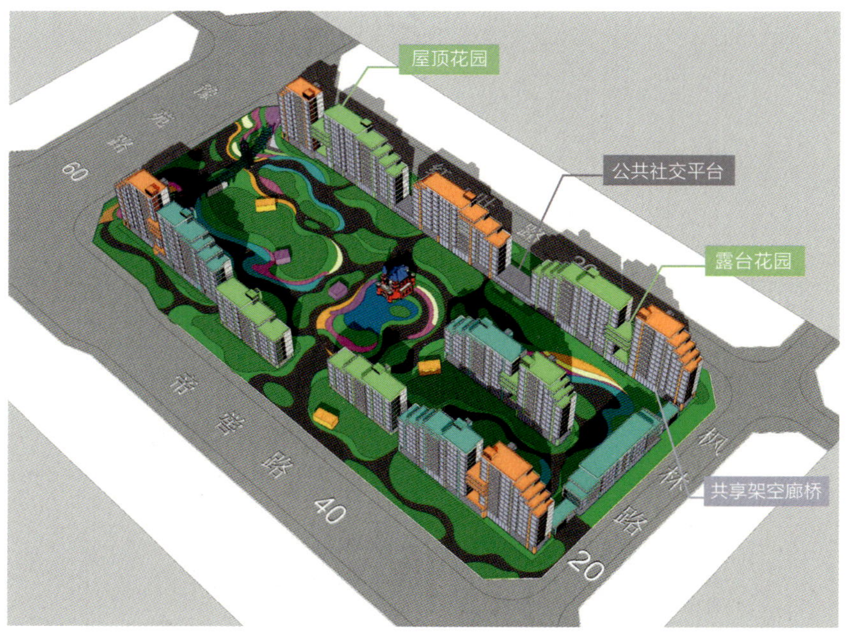

开放及半开放社交空间示意

北侧建筑二层预留公共社交平台，东侧建筑设计贯穿建筑内部空间的共享架空廊桥，形成中区的邻里共享空间，便于不同单元楼栋邻里间的交往，也为居民创造了更多的路径选择。在中区和高区的部分户型置入露台花园，以及层层退台形成的多个层顶花园。朗阔开放的空间作为半开放性社交空间，解决小尺度上邻里组团的社交空间需求。

设计在空间层面提出立体多维的社区生活圈构建方式，创造更多自由界面和邻里交往空间。在这里，可以预见孩子们在游乐区尽情玩耍、老人们在中心庭院悠闲聊天、年轻人在共享空间里举办各种活动的场景。室内与室外、开放与半开放空间的结合，不仅展现了建筑的多面风格，也营造了多样性的社会关系，形成了新的社区形态。通过设计满足邻里和谐、精神满足、生态绿色等更高层次的居住需求，为城市带来更“高级”的烟火气。

项目效果图

项目效果图

愉悦的活力磁场

建筑的设计和色彩直接决定了人们对这一建筑的第一印象。从立体生活场景、非对称等方面营造具有现代质感的产品风格，以时尚轻奢、年轻动感之姿，在商丘立序新的理想人居。

不同颜色具有不同的情绪内涵，色彩运用作为建筑的设计手法之一，以色彩的情感力量影响着居民的心理感受。本项目在立面色彩运用上，注重大胆、多彩的美学和互动体验，每栋都采用不同的颜色——具有生命、自然、青春之感的绿色，快乐、活力、健康之感的橙色，自由、轻松、幸福之感的青色，色彩的注入让项目成为充满活力、可持续的住宅区。

同时，不同楼宇均采用不同的颜色，还能隔断建筑空间在外部观感上的连续围合性，消减了围合的同色建筑带来的束缚和压抑感。颜色的交错让空间更加活跃，动感地将整个社区包裹于活力与青春的磁场内。居住在这里，仿佛远离了快节奏生活的压力和都市喧嚣，沉浸在一个充满度假感的乐园中。

设计在满足高品质生活需求的基础上，注重对未来生活场景的发掘与潜在生活需求的释放。好设计赋予住宅的价值，是对生活方式的引导，是可持续社区运行系统的自然衍生，是鲜活的社区生态得以自发地、持久地生长。

项目效果图

图书在版编目（CIP）数据

好设计　好房子　好生活 / 徐辉著 . -- 北京：中国建筑工业出版社，2025. 7. -- ISBN 978-7-112-31447-8

Ⅰ . TU241

中国国家版本馆 CIP 数据核字第 2025PC2955 号

责任编辑：费海玲　田　郁
责任校对：刘梦然

参编人员：冯　赋　孔　波　董　佩　应真真　刘　哲　崔奉迪
　　　　　齐光辉　王　珏　毕晓鹏　李少杰　李拓栋　等
装帧设计：雷　明　杨　光

好设计　好房子　好生活
徐辉　著
*
中国建筑工业出版社出版、发行（北京海淀三里河路9号）
各地新华书店、建筑书店经销
北京锋尚制版有限公司制版
北京富诚彩色印刷有限公司印刷
*
开本：787毫米×1092毫米　1/16　印张：17¼　字数：236千字
2025年8月第一版　　2025年8月第一次印刷
定价：**238.00**元
ISBN 978-7-112-31447-8
（45383）

如有内容及印装质量问题，请与本社读者服务中心联系
电话：（010）58337283　QQ：2885381756
（地址：北京海淀三里河路 9 号中国建筑工业出版社 604 室　邮政编码：100037）